"十四五"职业教育国家规划教材

电气控制与 PLC

——西门子 S7-1200

主　编　李俊婷　黄文静
副主编　高　南　张金红
　　　　张　茜　吴　蔚
参　编　杨静芬　刘爽爽
主　审　付俊薇

北京理工大学出版社
BEIJING INSTITUTE OF TECHNOLOGY PRESS

内 容 简 介

本书根据高等职业教育的培养目标及企业需求，以电气控制及西门子 S7-1200 PLC 的应用为主线，按照"项目引领，任务驱动"的原则，设计了 7 个项目，共 19 个任务。本书系统地介绍了常用的低压电器、电气控制系统基本控制电路、电气控制线路设计与安装调试方法，以及西门子 S7-1200 PLC 的组成和工作原理、TIA Protal 编程软件、指令系统、以太网通信、PLC 控制系统设计与调试方法等。

本书为活页式教材，其中的项目均来源于工业现场典型控制案例，以项目中的单个任务为单位组织教学，每个任务遵循工程项目实施过程，包含学习目标、任务描述、任务引领、知识链接、任务工单、任务实施、任务评价、任务总结、思考与练习 9 个环节，层层递进、环环相扣，教、学、做、练紧密结合。学生通过这 7 个项目、19 个任务的学习，既增长了支撑其成长的专业知识，又培养了工程应用能力、精益求精的工匠精神和团队协作精神。本书还借助现代信息技术，配有视频、微课等，让学习变得方便、快捷。

本书可作为高等职业院校机电一体化技术、电气自动化技术等机电类、自动化类专业的教学用书，也可供其他相关专业和工程技术人员使用。

版权专有　侵权必究

图书在版编目（CIP）数据

电气控制与 PLC／李俊婷，黄文静主编. —北京：北京理工大学出版社，2021.12（2024.8 重印）
ISBN 978-7-5763-0305-6

Ⅰ．①电…　Ⅱ．①李…②黄…　Ⅲ．①电气控制-高等职业教育-教材②PLC 技术-高等职业教育-教材　Ⅳ．①TM571.2②TM571.6

中国版本图书馆 CIP 数据核字（2021）第 184689 号

责任编辑／多海鹏	**文案编辑**／辛丽莉
责任校对／周瑞红	**责任印制**／李志强

出版发行／北京理工大学出版社有限责任公司
社　　址／北京市丰台区四合庄路 6 号
邮　　编／100070
电　　话／(010) 68914026（教材售后服务热线）
　　　　　　(010) 68944437（课件资源服务热线）
网　　址／http://www.bitpress.com.cn
版 印 次／2024 年 8 月第 1 版第 4 次印刷
印　　刷／河北盛世彩捷印刷有限公司
开　　本／787 mm×1092 mm　1/16
印　　张／17.25
字　　数／405 千字
定　　价／53.80 元

图书出现印装质量问题，请拨打售后服务热线，负责调换

前言

电气控制与 PLC 技术作为国家推动制造业高端化、智能化、绿色化发展重大战略的关键技术，肩负着制造强国、质量强国建设及加快发展方式绿色转型的重任，企业急需电气控制与 PLC 控制系统维护、调试、设计、开发的高技能人才。教材贯彻落实党的二十大精神，内容充分结合了我国智能制造行业的最新发展，引入了现代电气与 PLC 控制系统新技术、新工艺、新规范、新标准。体现立德树人的根本目的，厚植爱国情怀，提高学生专业认同感、责任感。本书具有以下特点：

（1）本书教学内容立足于智能制造背景下企业发展新需求和机电类专业毕业生所需要的岗位能力，并对接可编程控制器系统应用编程、可编程控制器系统集成及应用等 1+X 职业技能等级标准。

（2）本书以"项目引领，任务驱动"的原则编写，以电气控制及西门子 S7-1200 PLC 的应用为主线，以工业现场典型控制案例为载体，共开发了 7 个项目。每个项目均易于操作和实现，并遵循由简单到复杂、由单一到综合的原则，环环相扣、层层递进，充分培养学生的综合职业能力。

（3）本书为活页式教材，突出实用性和实践性，以每个任务为单位组织教学，方便安排教学活动。每个任务遵循工程项目实施过程，分为 9 个环节，突出职业引导功能，教、学、做、练一体化，充分发挥学生的主体地位。

（4）本书适应学生的心理特点和认知习惯，在项目学习中不仅潜移默化地培养学生的工程应用能力、理论联系实际分析问题的能力，而且培养学生精益求精的工匠精神及团结协作精神等。

（5）本书还借助现代信息技术利用手机等移动终端扫描教材中的二维码即可观看配套视频、微课等教学资源，让学习变得方便快捷。

本书共分为 7 个项目。项目一的主要内容为三相异步电动机的工作原理和结构、常用的低压电器、电动机点动运行电气控制线路以及 S7-1200 PLC 的系统组成、硬件接线、编程语言等。项目二的主要内容为电气控制系统的组成、电气控制系统识图和绘制要求、电动机连续运转电气控制以及 S7-1200 PLC 的工作原理、TIA 博途编程软件的使用等。项目三的主要内容为电动机正反转运转电气控制线路、S7-1200 PLC 基本位指令及其应用等。项目四的主要内容为电动机的 Y—△降压启动、定子串电阻降压启动以及 S7-1200 PLC 定时器指令及其应用等。项目五的主要内容为电动机顺序启动、逆序停止电气控制线路以及 S7-1200 PLC 的用户程序结构、生成并调用函数与函数块等。项目六的主要内容为 G120 变频器、PLC PROFINET 通信控制 G120 调速、PLC 控制变频器实现七段速运行等。项目七的主要内容为 S7-1200 PLC 的基本数据类型、S7-1200 PLC 比较指令、计数器指令、数学运算指令、转换操作指令、移动值指令以及步进系统、伺服系统、PLC 的运动控制指令、S7-1200 PLC 系列以太网通信等。

通过本书的学习，学生能够掌握电气控制线路的工作原理，具备对电气控制线路识图、分析、设计、安装、调试、故障检测的能力；掌握 S7-1200 PLC 的工作原理及编程方法，能够根据控制要求设计 PLC 控制系统，对所设计控制系统进行调试运行，并应用于生产过程控制。

本书由河北工业职业技术大学的李俊婷、黄文静任主编，河北工业职业技术大学的高南、张金红、张茜以及国网石家庄供电公司的吴蔚任副主编，河北工业职业技术大学的杨静芬、刘爽爽参编。具体分工如下：李俊婷和吴蔚编写项目一、项目三；杨静芬编写项目二；黄文静编写项目四、项目五；高南和张金红编写项目六；张茜和刘爽爽编写项目七；李俊婷和黄文静负责全书统稿、定稿。同时，本书为"中国特色高水平高职学校和专业建设计划"项目成果之一。

本书在编写过程中得到了北京理工大学出版社的大力支持和帮助，河北工业职业技术大学的付俊薇教授仔细审阅了全书，提出了许多宝贵意见和建议，在此一并表示衷心感谢。

因作者水平有限，书中难免存在错漏之处，恳请读者批评指正。

编　者

目 录

项目一 三相异步电动机的点动运行电气控制 ································· 1

任务一 电动机点动运行电气控制 ··· 1
学习目标 ··· 1
任务描述 ··· 1
任务引导 ··· 2
知识链接 ··· 2
 知识点一 三相异步电动机的工作原理和结构 ······································· 2
 知识点二 电器概述 ·· 3
 知识点三 常用的低压电器 ·· 3
 知识点四 电动机点动运行电气控制线路 ·· 12
任务工单 ··· 13
任务实施 ··· 13
任务评价 ··· 15
任务总结 ··· 16
思考与练习 ·· 17

任务二 电动机点动运行 PLC 控制系统设计 ···································· 18
学习目标 ··· 18
任务描述 ··· 18
任务引导 ··· 18
知识链接 ··· 19
 知识点一 认识 PLC ··· 19
 知识点二 S7-1200 PLC 的系统组成 ·· 20
 知识点三 S7-1200 PLC 的硬件接线 ·· 25
 知识点四 S7-1200 PLC 的编程语言 ·· 26
任务工单 ··· 28
任务实施 ··· 28
任务评价 ··· 30
任务总结 ··· 32

　　　　思考与练习 ·· 32

项目二　三相异步电动机的连续运转控制 ·· 34

任务一　电动机连续运转电气控制 ·· 34

　　学习目标 ·· 34
　　任务描述 ·· 34
　　任务引导 ·· 35
　　知识链接 ·· 35
　　　　知识点一　电气控制系统的组成 ·· 35
　　　　知识点二　电气控制系统识图 ··· 36
　　　　知识点三　电动机连续运转控制电气原理图 ··· 36
　　　　知识点四　电动机连续运转控制电气安装接线图 ·································· 38
　　任务工单 ·· 39
　　任务实施 ·· 39
　　任务评价 ·· 42
　　任务总结 ·· 44
　　思考与练习 ·· 44

任务二　电动机连续运转 PLC 控制系统设计 ·· 46

　　学习目标 ·· 46
　　任务描述 ·· 46
　　任务引导 ·· 46
　　知识链接 ·· 47
　　　　知识点一　S7-1200 PLC 的工作原理 ·· 47
　　　　知识点二　TIA 博途软件使用入门 ··· 48
　　　　知识点三　TIA 博途软件的应用——一个简单的启保停电路 ················ 54
　　任务工单 ·· 60
　　任务实施 ·· 61
　　任务评价 ·· 62
　　任务总结 ·· 64
　　思考与练习 ·· 64

项目三　三相异步电动机的正反转运转控制 ·· 66

任务一　电动机正反转运转电气控制 ·· 66

　　学习目标 ·· 66
　　任务描述 ·· 66
　　任务引导 ·· 67

知识链接 ……………………………………………………………………………… 67
　　　知识点一　电动机正反转运转电气控制线路 ………………………………… 67
　　　知识点二　接触器互锁的电动机正反转电气控制线路 ……………………… 68
　　　知识点三　按钮、接触器双重互锁的电动机正反转电气控制线路 ………… 69
　　任务工单 ………………………………………………………………………………… 70
　　任务实施 ………………………………………………………………………………… 70
　　任务评价 ………………………………………………………………………………… 73
　　任务总结 ………………………………………………………………………………… 75
　　思考与练习 ……………………………………………………………………………… 75

任务二　电动机正反转运转 PLC 控制系统设计 …………………………………… 76
　　学习目标 ………………………………………………………………………………… 76
　　任务描述 ………………………………………………………………………………… 76
　　任务引导 ………………………………………………………………………………… 76
　　知识链接 ………………………………………………………………………………… 77
　　　知识点一　S7-1200 PLC 基本位指令应用 …………………………………… 77
　　　知识点二　S7-1200 PLC 置位和复位指令 …………………………………… 78
　　　知识点三　S7-1200 PLC 边沿指令 …………………………………………… 80
　　任务工单 ………………………………………………………………………………… 82
　　任务实施 ………………………………………………………………………………… 82
　　任务评价 ………………………………………………………………………………… 84
　　任务总结 ………………………………………………………………………………… 86
　　思考与练习 ……………………………………………………………………………… 86

项目四　三相异步电动机的降压启动控制 ………………………………………… 88

任务一　电动机 Y—△降压启动电气控制 …………………………………………… 88
　　学习目标 ………………………………………………………………………………… 88
　　任务描述 ………………………………………………………………………………… 88
　　任务引导 ………………………………………………………………………………… 89
　　知识链接 ………………………………………………………………………………… 89
　　　知识点一　三相异步电动机的接法 …………………………………………… 89
　　　知识点二　时间继电器 ………………………………………………………… 90
　　　知识点三　电动机 Y—△降压启动电气控制线路 …………………………… 91
　　任务工单 ………………………………………………………………………………… 93
　　任务实施 ………………………………………………………………………………… 94
　　任务评价 ………………………………………………………………………………… 95
　　任务总结 ………………………………………………………………………………… 97

思考与练习 ·· 97

任务二　电动机 Y—△降压启动 PLC 控制系统设计 ·· 98

　　学习目标 ·· 98
　　任务描述 ·· 98
　　任务引导 ·· 98
　　知识链接 ·· 99
　　　知识点一　S7–1200 PLC 定时器指令 ··· 99
　　　知识点二　用接通延时定时器构成一个脉冲发生器 ···································· 103
　　　知识点三　设置系统存储器字节与时钟存储器字节 ···································· 104
　　任务工单 ·· 105
　　任务实施 ·· 106
　　任务评价 ·· 107
　　任务总结 ·· 108
　　思考与练习 ·· 109

任务三　电动机定子串电阻降压启动控制系统设计 ··· 110

　　学习目标 ·· 110
　　任务描述 ·· 110
　　任务引导 ·· 110
　　知识链接 ·· 111
　　　知识点一　接触器控制的串接电阻电动机降压启动电气控制线路 ················· 111
　　　知识点二　时间继电器控制的串接电阻电动机降压启动电气控制线路 ·········· 111
　　　知识点三　电动机定子串接电阻降压启动的电阻选择 ································ 113
　　　知识点四　电动机定子串接电阻降压启动 PLC 控制系统设计 ····················· 113
　　任务工单 ·· 114
　　任务实施 ·· 115
　　任务评价 ·· 117
　　任务总结 ·· 119
　　思考与练习 ·· 119

项目五　三相异步电动机的顺序控制 ·· 120

任务一　电动机的顺序控制电气控制 ·· 120

　　学习目标 ·· 120
　　任务描述 ·· 120
　　任务引导 ·· 121
　　知识链接 ·· 121
　　　知识点一　两台电动机顺序启动、逆序停止电气控制线路 ·························· 121

知识点二　利用时间继电器实现两台电动机顺序启动电气控制线路 …………… 122
　　知识点三　三台电动机按时间顺序启动、逆序停止电气控制线路 …………… 123
　任务工单 ……………………………………………………………………………… 124
　任务实施 ……………………………………………………………………………… 125
　任务评价 ……………………………………………………………………………… 127
　任务总结 ……………………………………………………………………………… 129
　思考与练习 …………………………………………………………………………… 129

任务二　电动机的顺序控制 PLC 控制系统设计 ………………………………………… 130
　学习目标 ……………………………………………………………………………… 130
　任务描述 ……………………………………………………………………………… 130
　任务引导 ……………………………………………………………………………… 130
　知识链接 ……………………………………………………………………………… 131
　　知识点一　S7-1200 PLC 的用户程序结构 …………………………………… 131
　　知识点二　生成与调用函数 FC ………………………………………………… 133
　　知识点三　生成与调用函数块 FB ……………………………………………… 135
　　知识点四　函数与函数块的区别 ………………………………………………… 139
　任务工单 ……………………………………………………………………………… 140
　任务实施 ……………………………………………………………………………… 141
　任务评价 ……………………………………………………………………………… 142
　任务总结 ……………………………………………………………………………… 144
　思考与练习 …………………………………………………………………………… 144

项目六　PLC 控制 G120 变频器实现电动机调速控制 ……………………………… 146

任务一　PROFINET 通信控制 G120 的调速 ………………………………………… 146
　学习目标 ……………………………………………………………………………… 146
　任务描述 ……………………………………………………………………………… 146
　任务引导 ……………………………………………………………………………… 146
　知识链接 ……………………………………………………………………………… 147
　　知识点一　G120 变频器认知 …………………………………………………… 147
　　知识点二　PROFINET 通信简介 ……………………………………………… 151
　　知识点三　PROFINET IO 控制器对变频器参数访问 ……………………… 152
　　知识点四　PLC PROFINET 通信控制 G120 调速 ………………………… 154
　任务工单 ……………………………………………………………………………… 162
　任务实施 ……………………………………………………………………………… 162
　任务评价 ……………………………………………………………………………… 164
　任务总结 ……………………………………………………………………………… 166

    思考与练习 ………………………………………………………………………… 166

  任务二　G120 多段速控制 ………………………………………………………………… 167
    学习目标 …………………………………………………………………………… 167
    任务描述 …………………………………………………………………………… 167
    任务引导 …………………………………………………………………………… 167
    知识链接 …………………………………………………………………………… 168
      知识点一　变频器多段速功能结构 ……………………………………………… 168
      知识点二　功能参数调试 ………………………………………………………… 169
      知识点三　PLC 控制变频器实现七段速运行 ………………………………… 170
    任务工单 …………………………………………………………………………… 172
    任务实施 …………………………………………………………………………… 173
    任务评价 …………………………………………………………………………… 174
    任务总结 …………………………………………………………………………… 176
    思考与练习 ………………………………………………………………………… 176

项目七　智能仓储控制系统设计 ……………………………………………………… 177

  任务一　物品质量分类控制系统设计 ……………………………………………………… 177
    学习目标 …………………………………………………………………………… 177
    任务描述 …………………………………………………………………………… 177
    任务引导 …………………………………………………………………………… 177
    知识链接 …………………………………………………………………………… 178
      知识点一　S7-1200 PLC 的基本数据类型 …………………………………… 178
      知识点二　S7-1200 PLC 比较指令 …………………………………………… 181
      知识点三　比较指令和定时器构成闪烁电路 …………………………………… 182
    任务工单 …………………………………………………………………………… 184
    任务实施 …………………………………………………………………………… 185
    任务评价 …………………………………………………………………………… 186
    任务总结 …………………………………………………………………………… 187
    思考与练习 ………………………………………………………………………… 188

  任务二　物品计数控制系统设计 …………………………………………………………… 189
    学习目标 …………………………………………………………………………… 189
    任务描述 …………………………………………………………………………… 189
    任务引导 …………………………………………………………………………… 189
    知识链接 …………………………………………………………………………… 189
      知识点一　S7-1200 PLC 计数器指令 ………………………………………… 189
      知识点二　用计数器指令设计展厅入口统计报警装置 ………………………… 193

任务工单 ………………………………………………………………………… 194
　　任务实施 ………………………………………………………………………… 195
　　任务评价 ………………………………………………………………………… 196
　　任务总结 ………………………………………………………………………… 198
　　思考与练习 ……………………………………………………………………… 198

任务三　物品出入库统计控制系统设计 …………………………………… 199
　　学习目标 ………………………………………………………………………… 199
　　任务描述 ………………………………………………………………………… 199
　　任务引导 ………………………………………………………………………… 199
　　知识链接 ………………………………………………………………………… 200
　　　知识点一　S7-1200 PLC 数学运算指令 …………………………………… 200
　　　知识点二　S7-1200 PLC 转换操作指令 …………………………………… 203
　　　知识点三　S7-1200 PLC 移动值指令 ……………………………………… 204
　　　知识点四　编程实现公式计算 ……………………………………………… 204
　　任务工单 ………………………………………………………………………… 205
　　任务实施 ………………………………………………………………………… 206
　　任务评价 ………………………………………………………………………… 207
　　任务总结 ………………………………………………………………………… 209
　　思考与练习 ……………………………………………………………………… 209

任务四　仓库运载机构步进驱动定位运输 …………………………………… 210
　　学习目标 ………………………………………………………………………… 210
　　任务描述 ………………………………………………………………………… 210
　　任务引导 ………………………………………………………………………… 210
　　知识链接 ………………………………………………………………………… 211
　　　知识点一　步进系统认知 …………………………………………………… 211
　　　知识点二　PLC 的高速脉冲 ………………………………………………… 212
　　　知识点三　PLC 的运动控制指令 …………………………………………… 213
　　　知识点四　配置 PLC 的运动控制功能及组态工艺对象 …………………… 216
　　任务工单 ………………………………………………………………………… 222
　　任务实施 ………………………………………………………………………… 223
　　任务评价 ………………………………………………………………………… 224
　　任务总结 ………………………………………………………………………… 226
　　思考与练习 ……………………………………………………………………… 226

任务五　仓库运输托盘伺服驱动定位控制 …………………………………… 227
　　学习目标 ………………………………………………………………………… 227
　　任务描述 ………………………………………………………………………… 227

任务引导 ·· 227
　　知识链接 ·· 228
　　　知识点一　伺服系统认知 ·· 228
　　　知识点二　认识松下 ASDA – B2 系列伺服驱动器 ························ 228
　　　知识点三　工艺对象调试 ·· 230
　　任务工单 ·· 236
　　任务实施 ·· 237
　　任务评价 ·· 238
　　任务总结 ·· 240
　　思考与练习 ··· 240

任务六　西门子 S7 – 1200 系列 PLC 以太网通信 ································ 241
　　学习目标 ·· 241
　　任务描述 ·· 241
　　任务引导 ·· 241
　　知识链接 ·· 241
　　　知识点一　S7 – 1200 PLC 之间的 S7 通信协议 ························· 241
　　　知识点二　创建 S7 连接 ·· 242
　　　知识点三　S7 通信指令的配置与使用 ····································· 243
　　　知识点四　开放式用户通信 ·· 248
　　　知识点五　开放式用户通信指令的配置与使用 ·························· 249
　　任务工单 ·· 256
　　任务实施 ·· 257
　　任务评价 ·· 258
　　任务总结 ·· 260
　　思考与练习 ··· 260

参考文献 ··· 261

项目一　三相异步电动机的点动运行电气控制

项目说明

在自动化生产过程中，经常需要对机具、设备位进行对刀、定位等操作，也就是要求实现三相异步电动机的点动运行控制。电动机点动控制是指按下 SB 按钮，接触器 KM 线圈得电并吸合，闭合其主触头，电动机得电启动运转；松开 SB 按钮，电动机失电停止运转的过程。

本项目分为两个任务模块：首先是三相异步电动机点动运行电气控制线路；然后再将电气控制线路进行 PLC 改造。与本任务相关的知识为三相异步电动机的原理、常用的低压电器、电动机的点动运行控制原理、PLC 的基本知识、S7-1200 PLC 的系统组成、梯形图编程语言等。整个实施过程中涉及电气图识读、元器件选型与分析、PLC 编程、安全用电等方面的内容。

任务一　电动机点动运行电气控制

学习目标

（1）掌握三相异步电动机的结构和原理。
（2）掌握常用低压电器的基本结构、原理和图形符号。
（3）能够正确选择、使用常用的低压电器。
（4）能够识读、绘制电动机的点动运行电气控制原理图。
（5）在操作中正确使用工具，安全用电。

任务描述

如图 1-1 所示，对移动机构进行试运行工作时经常使用点动控制，以便发生故障时及时处理。移动机构的运行由三相异步电动机拖动实现，要求当按下前进按钮时，电动机通电运转，使移动机构前进，松开按钮，移动机构停止运行。请根据任务要求设计电气控制原理图。

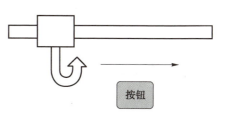

图 1-1　移动机构运行示意图

任务引导

引导问题 1：什么是低压电器？在生活中你都见过哪些电气元件？

引导问题 2：电动机点动运行中使用了哪些电气元件？

引导问题 3：电动机的点动运行控制除了可以在移动机构试运行中应用，还可以有哪些其他应用？

知识链接

知识点一　三相异步电动机的工作原理和结构

1. 三相异步电动机的工作原理

三相异步电动机定子绕组通入三相对称交流电后，将产生一个旋转磁场，该旋转磁场切割转子绕组，从而在转子绕组中产生感应电流，载流的转子导体在定子旋转磁场作用下将产生电磁力，从而在电动机转轴上形成电磁转矩，驱动电动机旋转，并且电动机的旋转方向与旋转磁场的方向相同。

2. 三相异步电动机的结构组成

三相异步电动机的组成结构如图 1-2 所示。

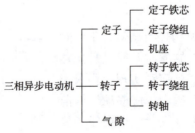

图 1-2　三相异步电动机的组成结构

三相异步电动机种类繁多,按转子结构分类,可分为笼型和绕线式异步电动机两大类;按机壳的防护形式分类,笼型又可分为防护式、封闭式和开启式。其内部结构如图1-3所示。

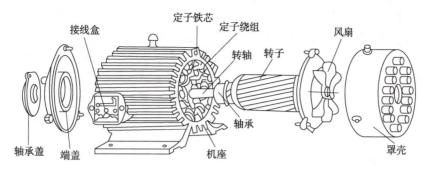

图1-3 三相异步电动机的内部结构

知识点二 电器概述

电器是所有电工器件的简称,凡是用来接通和断开电路,以达到控制、调节、转换和保护目的的电工器件都称为电器。电器对电能的生产、输送、分配与应用起着控制、调节、检测和保护的作用,在电力输配电系统和电力拖动自动控制系统中应用极为广泛。电器的功能多、用途广、品种规格繁多,为了系统地掌握,必须加以分类。

1)按工作电压等级分类

电器按工作电压等级分为高压电器和低压电器。

高压电器:用于交流1 200 V、直流1 500 V及以上线路中的电器。

低压电器:工作在交流1 200 V、直流1 500 V以下线路中的各种电器。

2)按动作原理分类

电器按动作原理分为手动电器和自动电器。

手动电器:通过人的操作发出动作指令的电器。

自动电器:产生电磁吸力而自动完成动作指令的电器。

3)按用途分类

电器按用途分为控制电器、配电电器、主令电器、保护电器和执行电器。

控制电器:用于各种控制电路和控制系统的电器。

配电电器:用于电能的输送和分配的电器。

主令电器:用于自动控制系统中发送动作指令的电器。

保护电器:用于保护电路及用电设备的电器,如熔断器、热继电器等。

执行电器:用于完成某种动作或传送功能的电器。

知识点三 常用的低压电器

(配套视频1、项目一任务———常用的低压电器)

常用的低压电器

1. 主令电器

主令电器是在自动控制系统中发出指令或信号的电器,故称为主令电器,主要用来接通和分断控制电路以达到发号施令的目的。主令电器应用广泛、种类繁多,最常见的有控制按钮、行程开关等。

1)控制按钮

按钮是一种手动且一般可以自动复位的主令电器。一般情况下不直接控制主电路的通断,主要利用按钮开关远距离发出手动指令或信号去控制接触器、继电器等电器,再由它们去控制主电路;也可用于电气联锁等线路中。

按钮的结构如图1-4所示,一般是由按钮帽、复位弹簧、桥式触头和外壳等组成的。按钮根据静态时的触头分合状况,可分为常开按钮(启动按钮)、常闭按钮(停止按钮)及复合按钮(常开、常闭组合一体)。按钮的图形及符号如图1-5所示。

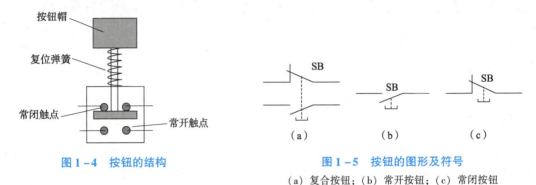

图1-4 按钮的结构

图1-5 按钮的图形及符号
(a)复合按钮;(b)常开按钮;(c)常闭按钮

讨论题1:当按下按钮时,常开按钮、常闭按钮及复合按钮内部的触点是如何动作的?

按钮按其结构形成可分为点按式、旋钮式、指示灯式、钥匙式、蘑菇帽式等类型,为了便于操作人员识别,避免发生误操作,按国标要求,在生产实际中用不同的颜色和符号标志来区分按钮的功能及作用。图1-6所示为按钮的型号参数含义。通常将按钮的颜色分成黄、绿、红、黑、白、蓝等,供不同场合选用。按安全规程规定,一般红色为停止按钮,绿色为启动按钮。

按钮在选用时应注意以下原则:

(1)根据使用场合和具体用途的不同要求,按照电器产品选用手册来选择国产品牌、国际品牌的不同型号和规格的按钮。

(2)根据控制系统的设计方案对工作状态指示和工作情况要求合理选择按钮的颜色,如启动按钮选择绿色、停止按钮选择红色等。

(3)根据控制回路的需要选择按钮的数量,如单联钮、双联钮和三联钮等。

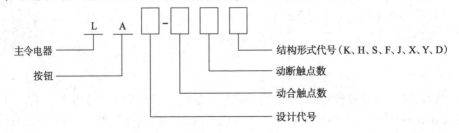

图1-6 按钮的型号参数含义

其中，结构形式代号的含义：K—开启式，H—保护式，S—防水式，F—防腐式，J—紧急式，X—旋钮式，Y—钥匙操作式，D—光标按钮。

2）行程开关

行程开关又称为位置开关或限位开关，是一种很重要的小电流主令电器。它利用生产设备某些运动部件的机械位移碰撞位置开关，使其触头动作，将机械信号变为电信号，接通、断开或变换某些控制电路的指令，借以实现对机械设备的电气控制要求。这类开关常被用来限制机械运动的位置或行程，使运动机械按一定位置或行程自动停止、反向运动或自动往返运动等。行程开关的图形及符号如图1-7所示。

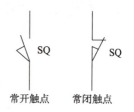

图1-7 行程开关的图形及符号

讨论题2：行程开关有哪些类型？可以应用在哪些地方？

2. 低压断路器

低压断路器又称为自动开关，除能完成接通和分断电路外，还能对电路或电气设备的短路、过载及失压等进行保护，同时也可用于不频繁地启停电动机。常用低压断路器外形如图1-8所示。

图1-8 常用低压断路器外形

1）结构原理

低压断路器的工作原理如图1-9所示。

图1-9中低压断路器的三副主触头串联在被控制的三相电路中，当按下接通按钮时，外力使锁扣克服反力弹簧的斥力，将固定在锁扣上的动触头与静触头闭合，并由锁扣锁住搭钩，使开关处于接通状态。

正常分断电路时，按下停止按钮即可。自动开关的自动分断，是由电磁脱扣器、欠压脱扣器和热脱扣器使搭钩被杠杆顶开来完成的。

电磁脱扣器的线圈和主电路串联，当电路正常时，所产生的电磁吸力不能将衔铁吸合，只有当电路发生短路或很大的过电流时，其电磁吸力才能将衔铁吸合，撞击杠杆，顶开搭钩，使触头断开，从而将电路分断。

欠压脱扣器和线圈并联在主电路上，当电路电压正常时，欠压脱扣器产生的电磁吸力能够克服弹簧的拉力而将衔铁吸合,如果电路电压降到某一值以下,电磁吸力小于弹簧的拉力,衔铁将被弹簧拉开,衔铁撞击杠杆将搭钩顶开,分断电路。

当电路发生一般性过载时,过载电流是不能使电磁脱扣器动作的,但能使热元件产生一定的热量,促使双金属片受热向上弯曲,推动杠杆使搭钩与锁扣脱开,将主触头分断。

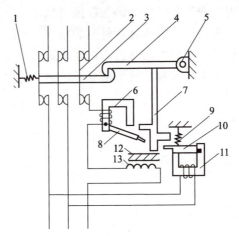

图 1-9 低压断路器的工作原理

1—反力弹簧;2—动触头;3—锁扣;4—搭钩;5—转轴座;6—电磁脱扣器;7—杠杆;8—电磁脱扣器衔铁;9—拉力弹簧;10—欠压脱扣器衔铁;11—欠压脱扣器;12—双金属片;13—热元件

2)电气图形及符号

按国标要求,电气控制系统中的低压断路器图形及符号如图 1-10 所示。

图 1-10 低压断路器的图形及符号

3)型号与参数

低压断路器的型号与参数含义如图 1-11 所示。

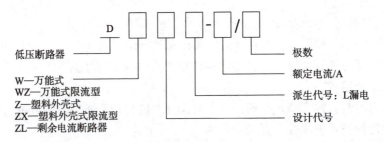

图 1-11 低压断路器的型号与参数含义

4)低压断路器的选用

选择低压断路器时主要考虑以下几个方面:

（1）断路器额定电压、额定电流应不小于控制线路或设备的正常工作电压、工作电流。

（2）断路器极限通断能力不小于控制线路最大短路电流。

（3）欠电压脱扣器额定电压等于控制线路额定电压。

（4）过电流脱扣器的额定电流应不小于控制线路的最大负载电流。

3. 接触器

接触器是一种用来接通或分断带有负载的交流或直流主电路或大容量控制电路的电气元件，其主要控制的对象是电动机、变压器等电力负载，可实现远距离接通或分断电路，可频繁操作，工作可靠。另外，它还具有零压保护、欠压释放保护等作用。

接触器按其流过触点工作电流的种类不同，可分为交流接触器（CJ）和直流接触器（CZ）两类。常用的交流接触器结构外形如图1-12所示。

图1-12 常用交流接触器外形

1）结构原理

交流接触器主要由电磁机构、触头系统和灭弧装置等部分组成。交流接触器的工作原理如图1-13所示。

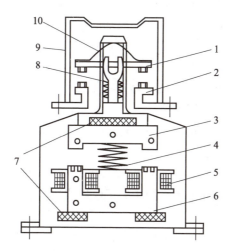

图1-13 交流接触器的工作原理

1—动触头；2—静触头；3—衔铁；4—反作用弹簧；5—电磁线圈；6—铁芯；
7—垫毡；8—触点弹簧；9—灭弧罩；10—触头压力弹簧

当接触器未工作时，处于断开状态的触点称为常开（或动合）触点；当接触器未工作时，处于接通状态的触点称为常闭（或动断）触点。

电磁线圈通电后产生磁场,使铁芯产生足够的吸力,克服反作用弹簧与动触头压力弹簧片的反作用力,将衔铁吸合,同时带动传动杠杆使动触头和静触头的状态发生改变,其中常开触头闭合。另外,常闭辅助触点首先断开,接着常开辅助触点闭合。当电磁线圈断电后,由于铁芯电磁吸力消失,衔铁在反作用弹簧的作用下释放,各触头也随之恢复原始状态。

讨论题 3:当接触器线圈得电时,其常开触点和常闭触点如何动作?当接触器线圈断电时,其常开触点和常闭触点又如何动作?

2) 主要技术参数

接触器铭牌上标注的主要技术参数介绍如下:

(1) 额定电压:指接触器主触点上所承受的额定电压。电压等级通常有以下几种:

交流接触器:127 V、220 V、380 V、500 V 等。

直流接触器:110 V、220 V、440 V、660 V 等。

(2) 额定电流:指接触器主触点上所通过的额定电流。电流等级通常有以下几种:

交流接触器:10 A、20 A、40 A、60 A、100 A、150 A、250 A、400 A、600 A。

直流接触器:25 A、40 A、60 A、100 A、250 A、400 A、600 A。

(3) 线圈额定电压:指接触器线圈两端所加的额定电压。电压等级通常有以下几种:

交流线圈:12 V、24 V、36 V、127 V、220 V、380 V。

直流线圈:12 V、24 V、48 V、220 V、440 V。

(4) 接通与分断能力:指接触器的主触点在规定条件下能可靠地接通和分断的电流值,不应发生熔焊、飞弧和过分磨损等现象。

(5) 额定操作频率:指每小时接通的次数。交流接触器额定操作频率最高为 600 次/h;直流接触器额定操作频率可高达 1 200 次/h。

(6) 动作值:指接触器的吸合电压与释放电压。国家标准规定,接触器在额定电压 85% 以上时,应可靠吸合,释放电压不高于额定电压的 70%。

3) 电气图形及符号

在电气控制系统中,交流接触器的图形及符号如图 1-14 所示。

图 1-14 交流接触器的图形及符号

4）型号与参数

交流接触器的型号与参数含义如图1-15所示。

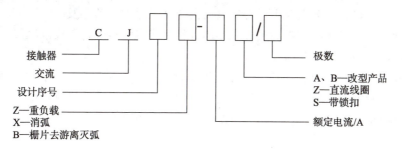

图1-15 交流接触器的型号与参数含义

5）接触器的选用

（1）根据控制对象所用电源类型选择接触器类型，一般交流负载用交流接触器，直流负载用直流接触器。

（2）所选接触器主触点的额定电压应不小于被控制对象线路的额定电压。

（3）应根据控制对象类型和使用场合，合理选择接触器主触点的额定电流。控制电阻性负载时，主触点的额定电流应等于负载的额定电流。控制电动机时，主触点的额定电流应稍大于电动机的额定电流。当接触器用在频繁启动、制动及正反转的场合时，主触点的额定电流应选用高一个等级。

（4）接触器线圈电压的选择：当控制线路简单且使用电器较少时，应根据电源等级选用380 V或220 V的电压。当线路复杂时，从人身和设备安全角度考虑，可以选择36 V或110 V电压的线圈，控制回路要增加相应变压器予以降压隔离。

（5）根据被控对象的要求，合理选择接触器类型及触点数量。

4. 继电器概述及热继电器

继电器是一种根据外界输入信号（电信号或非电信号）来控制电路中电流"通"与"断"的自动切换电器，其接点通常接在控制电路中，常用的有电磁式（电压、电流、中间）继电器、时间继电器、热继电器和速度继电器。

根据线圈中电流的大小而动作的继电器称为电流继电器，这种继电器线圈的导线粗，匝数少，串联在主电路中。当线圈电流高于整定值而动作的继电器称为过电流继电器，低于整定值而动作的继电器称为欠电流继电器。

根据电压大小而动作的继电器称为电压继电器，这种继电器线圈的导线细，匝数多，使用时并联在主电路中。电压继电器有过电压继电器和欠电压（或零压）继电器之分。

中间继电器在结构上是一个电压继电器，它是用来转换控制信号的中间元件。其输入的是线圈的通电或断电信号，输出信号为触点动作。中间继电器的触点数量较多，可将一路信号转变为多路信号，以满足控制要求。

时间继电器的感受部分在感受外界信号后，经过一段时间后才能使执行部分动作的继电器，叫作时间继电器。时间继电器主要有空气式、电动式、电子式和直流电磁式等几大类。延时方式有通电延时和断电延时两种。

本项目重点介绍热继电器。

1) 工作原理

热继电器是利用电流流过热元件时产生的热量使双金属片发生弯曲而推动执行机构动作的一种保护电器。热继电器主要用于交流电动机的过载保护、断相及电流不平衡运行的保护及其他电气设备发热状态的控制。热继电器还常和交流接触器配合组成电磁起动器，广泛用于三相异步电动机的长期过载保护。

热继电器由电热丝、双金属片、导板、测试杆、推杆、动触片、静触片、弹簧、螺钉、复位按钮和整定旋钮等组成。只有流过发热元件的电流超过发热元件额定电流值并达到一定时间后，内部机构才会动作，使常闭触点断开（或常开触点闭合），电流越大，动作时间越短。热继电器的典型结构外形如图1-16所示。

热元件由发热电阻丝做成，双金属片由两种热膨胀系数不同的金属碾压而成。当双金属片受热时，会出现弯曲变形。使用时，把热元件串接于电动机的主电路中，而常闭触点串接于电动机的控制电路中。

2) 电气图形及符号

在电气控制系统中，热继电器的电气图形及符号如图1-17所示。

图1-16 热继电器的典型结构外形

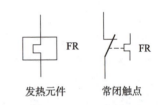

图1-17 热继电器电气图形及符号

3) 型号与参数

热继电器的型号与参数含义如图1-18所示。

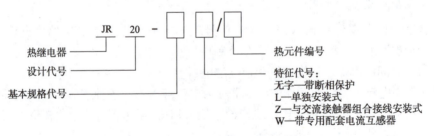

图1-18 热继电器的型号与参数含义

4) 热继电器的选用

选用热继电器时，应遵循以下原则：

（1）在大多数情况下，可选用两相热继电器。对于三相电压均衡性较差、无人看管的三相电动机，或与大容量电动机共用一组熔断器的三相电动机，应该选用三相热继电器。

（2）热继电器的额定电流应大于负载的额定电流。

（3）热继电器发热元件的额定电流应略大于负载的额定电流。

（4）热继电器的整定电流一般与电动机的额定电流相等。对于过载容易损坏的电动机，整定电流可调小一些；对于启动时间较长或带冲击性负载的电动机，所接热继电器的整定电流可稍大。

5. 熔断器

低压熔断器是在低压线路及电动机控制电路中主要起短路保护作用的元件，其串联在电路中。当电路或电气设备发生短路时，通过熔断器的电流产生的热量使熔体熔化而自动分断电路，使电路或电气设备脱离电源，从而起到保护作用。

1）结构原理

熔断器主要由熔体（俗称熔丝）和安装熔体的熔管（或熔座）两部分组成。熔体由铅、锡、锌、银、铜及其合金制成，常做成丝状、片状或栅状。熔管是装熔体的外壳，由陶瓷、绝缘钢纸制成，在熔体熔断时兼有灭弧作用。常用熔断器的结构外形如图 1 – 19 所示。

2）电气图形及符号

熔断器电气图形及符号如图 1 – 20 所示。

图 1 – 19　常用熔断器的结构外形　　　　图 1 – 20　熔断器电气图形及符号

3）型号与参数

熔断器按结构形式分为半封闭插入式、无填料封闭管式、有填料封闭管式、螺旋式熔断器等。其中，有填料封闭管式熔断器又分刀形触点熔断器、螺栓连接熔断器和圆筒形帽熔断器。熔断器的型号与参数含义如图 1 – 21 所示。

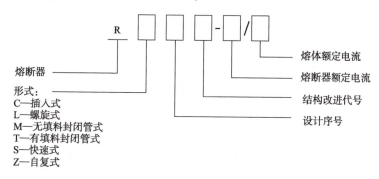

图 1 – 21　熔断器的型号与参数含义

4）主要技术参数

（1）额定电压。熔断器额定电压是指能保证熔断器长期正常工作的电压。若熔断器的实际工作电压大于额定电压，熔体熔断时可能发生电弧不能熄灭的危险。

（2）额定电流。熔断器额定电流是指保证熔断器在长期工作下，各部件温升不超过极限允许温升所能承载的电流值。它与熔体的额定电流是两个不同的概念。熔体的额定电流是指在规定工作条件下，长时间通过熔体而熔体不熔断的最大电流值。通常一个额定电流等级的熔断器可以配用若干个额定电流等级的熔体，但熔体的额定电流不能大于熔断器的额定电流值。

（3）分断能力。分断能力指熔断器在规定的使用条件下，能可靠分断的最大短路电流值，通常用极限分断电流值来表示。

（4）时间电流特性。时间电流特性又称保护特性，表示熔断器的熔断时间与流过熔体电流的关系。熔断器的熔断时间随着电流的增大而减少，即反时限保护特性。

5）熔断器的选用

（1）根据使用场合确定熔断器的类型。

（2）熔断器的额定电压必须不低于线路的额定电压，额定电流必须不小于所装熔体的额定电流。

（3）熔体额定电流的选择应根据实际使用情况进行计算。

（4）熔断器的分断能力应大于电路中可能出现的最大短路电流。

知识点四　电动机点动运行电气控制线路

（配套视频2、项目一任务一——电动机点动正转控制的实现）

电动机点动正转控制的实现

三相异步电动机点动运行电气控制原理如图1-22所示。三相异步电动机的点动运行电气控制线路分成主电路和控制电路两部分。主电路是从电源L1、L2、L3经电源断路器QF、熔断器FU1、接触器KM的主触点到电动机M的电路。控制电路由熔断器FU2、按钮SB、接触器KM线圈组成。

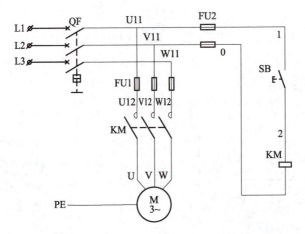

图1-22　三相异步电动机点动运行电气控制原理

当合上电路断路器QF，按下点动按钮SB时，接触器KM线圈通电。接触器KM线圈得电后，其主电路中接触器KM主触点闭合，接通电动机M的三相电源，电动机启动运转。

当松开按钮SB时，接触器KM线圈失电，其在主电路中的主触点断开，切断电动机的三相电源，电动机M停转。

从以上分析可知，当按下按钮SB时，电动机M启动单向运转，松开按钮SB时，电动机M就停止，从而实现"点动控制"的功能。

在电路短路时，通过熔断器FU1、FU2的熔体熔断切开主电路及控制电路。

任务工单

任务名称	电动机点动运行电气控制	指导老师	
姓名、学号		班级	
组别		组长	
组员姓名			
任务要求	移动机构的运行由三相异步电动机拖动实现，要求当按下前进按钮时，电动机通电运转，使移动机构前进，松开按钮时，移动机构停止运行。请根据任务要求设计电气控制原理图		
材料清单			
资讯与参考			
决策与方案			
实施步骤与过程记录			
检查与评价	自我检查记录		
	结果记录		
文档清单	列写本任务完成过程中涉及的所有文档，并提供纸质或电子文档				
	序号	文档名称	电子文档存储路径	完成时间	负责人

任务实施

（1）明确电动机点动控制中使用了哪些电气元件，画出电气元件的图形和符号。

项目一 三相异步电动机的点动运行电气控制

(2) 绘制电动机点动运行电气控制线路原理图。

链接提示：电气原理图的绘制原则。

电气原理图是根据生产机械运动形式对电气控制系统的要求，采用国家统一规定的电气图形符号和文字符号，按照电气设备和电器的工作顺序，详细表示电路、设备或成套装置的全部基本组成和连接关系，而不考虑其实际位置的一种简图。绘制电气原理图应遵循以下原则：

①电气控制线路根据作用不同可分为主电路和控制电路。主电路包括从电源到电动机的电路，是执行某些功能的部分，用粗线条画在原理图的左边。控制电路是能够实现自动控制作用的电路，一般由按钮、电气元件的线圈、接触器的辅助触点、继电器的触点等组成，用细线条画在原理图的右边。

②在电气原理图中，所有电气元件的图形及文字符号必须统一采用国家规定的标准。

③采用电气元件展开图的画法。同一电气元件的各部件可以不画在一起，但需用同一文字符号标出。若有多个同一种类的电气元件，可在文字符号后加上数字序号，如 KM1、KM2 等。

④所有按钮、触点均按没有外力作用和没有通电时的原始状态画出。

⑤控制电路的分支电路，原则上按照动作先后顺序排列，两线交叉连接时的电气连接点需用黑点标出。

⑥电器位置表示法通常采用电路编号法、表格法或坐标法。

另外，电气原理图通常加注标号使层次结构清晰、简明，标号时应注意以下几点：

①电气控制线路图中的支路、接点，一般都加上标号。

②主电路标号由文字符号和数字组成。文字符号用以标明主电路中的元件或线路的主要特征；数字用以区别电路的不同线段。三相交流电源引入线采用 L1、L2、L3 标号，电源开关之后的三相交流电源主电路分别标 U、V、W。如 U11 表示电动机的第一相的第一个接点代号，V12 为第一相的第二个接点代号，以此类推。

③控制电路标号由三位或三位以下的数字组成，交流控制电路的标号一般以主要压降元件（如电气元件线圈）为分界，左侧用奇数标号，右侧用偶数标号。直流控制电路中正极按奇数标号，负极按偶数标号。

(3) 简述电动机点动运行电气控制线路的工作原理。

任务评价

1. 小组互评

小组互评任务验收单

任务名称	电动机点动运行电气控制	验收结论	
验收负责人		验收时间	
验收成员			
任务要求	移动机构的运行由三相异步电动机拖动实现,要求当按下前进按钮时,电动机通电运转,使移动机构前进;松开按钮时,移动机构停止运行。请根据任务要求设计电气控制原理图		
实施方案确认			
文档接收清单	接收本任务完成过程中涉及的所有文档		
	序号	文档名称	接收人	接收时间
验收评分	配分表		
	评分标准	配分	得分
	能够正确列出电动机点动运行控制线路中用到的所有电气元件。一处错误扣5分	20分	
	能够正确画出电气元件的图形及符号。一处错误扣5分	30分	
	能够正确绘制电动机点动运行电气控制原理图。一处错误扣5分	30分	
	能够正确描述电动机点动运行电气控制线路工作原理。描述模糊不清或不达要点不给分	20分	
效果评价			

项目一 三相异步电动机的点动运行电气控制　15

2. 教师评价

教师评价任务验收单

任务名称	电动机点动运行电气控制	验收结论	
验收教师		验收时间	
任务要求	移动机构的运行由三相异步电动机拖动实现，要求当按下前进按钮时，电动机通电运转，使移动机构前进；松开按钮时，移动机构停止运行。请根据任务要求设计电气控制原理图		
实施方案确认			
文档接收清单	接收本任务完成过程中涉及的所有文档		
	序号	文档名称	接收人	接收时间
验收评分	配分表		
	评分标准	配分	得分
	能够正确列出电动机点动运行控制线路中用到的所有电气元件。一处错误扣5分	20分	
	能够正确画出电气元件的图形及符号。一处错误扣5分	30分	
	能够正确绘制电动机点动运行电气控制原理图。一处错误扣5分	30分	
	能够正确描述电动机点动运行电气控制线路的工作原理。描述模糊不清或不达要点不给分	20分	
效果评价			

任务总结

（1）分析电动机点动运行电气控制线路的特点。

(2) 电动机的点动运行控制可以有哪些应用？

(3) 在本次任务中遇到了哪些困难及解决措施？

思考与练习

(1) 简述什么是低压电器及低压电器的工作范围。

(2) 简述交流接触器的工作原理。

(3) 如何在图 1-22 所示原理图中加入热继电器？画出加入热继电器的电动机点动运行电气控制原理图。

任务二 电动机点动运行 PLC 控制系统设计

学习目标

（1）了解 PLC 的概念和特点。
（2）掌握 S7-1200 PLC 的系统组成。
（3）能够识读、绘制 PLC 的硬件接线图。
（4）认识 PLC 梯形图编程语言。
（5）培养规范性，合理设计程序。

任务描述

如图 1-23 所示，对移动机构进行试运行工作时经常使用点动控制，方便发生故障时及时处理。移动机构的运行由三相异步电动机拖动实现，要求当按下前进按钮时，电动机通电运转，使移动机构前进；松开按钮，移动机构停止运行。

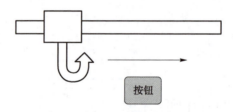

图 1-23 移动机构运行示意图

在上一任务中学习了电动机点动运行电气控制线路的相关知识，在本任务中应用 PLC 实现电动机的点动运行。

任务引导

引导问题 1：什么是 PLC？

引导问题 2：PLC 可以应用在哪些领域？

引导问题 3：S7-1200 PLC 有什么特点？

引导问题 4：如何使用 PLC 实现电动机的点动控制？

 知识链接

知识点一　认识 PLC
（配套视频 3、项目一任务二——PLC 概述）

PLC 概述

1. PLC 定义

PLC，即可编程控制器（Programmable Logic Controller），自问世以来，尽管时间不长，但发展迅速。国际电工委员会（IEC）在 1987 年 2 月通过了对它的定义："可编程控制器是一种数字运算操作的电子系统，是专为在工业环境应用而设计的。它采用一类可编程的存储器，用于其内部存储程序，执行逻辑运算、顺序控制、定时、计数与算术操作等面向用户的指令，并通过数字或模拟式输入/输出控制各种类型的机械或生产过程。可编程控制器及其有关外部设备，都按易于与工业控制系统联成一个整体，易于扩充其功能的原则设计。"

总之，可编程控制器是一台计算机，是专为工业环境应用而设计制造的计算机。它具有丰富的输入/输出接口，并且具有较强的驱动能力。但可编程控制器产品并不针对某一具体工业应用，在实际应用时，其硬件需根据实际需要进行选用配置，其软件需根据控制要求进行设计编制。

2. PLC 主要特点

（1）高可靠性。PLC 的所有 I/O 接口电路均采用光电隔离，使工业现场的外电路与 PLC 内部电路之间电气上隔离；各输入端均采用 R-C 滤波器，其滤波时间常数一般为 10~20 ms；各模块均采用屏蔽措施，以防止辐射干扰；采用性能优良的开关电源；对采用的器件进行严格筛选；良好的自诊断功能，一旦电源或其他软硬件发生异常情况，CPU 立即采用有效措施，以防故障扩大；大型 PLC 还可以采用由双 CPU 构成的冗余系统或有三 CPU 构成的表决系统，使可靠性进一步提高。

（2）丰富的 I/O 接口模块。PLC 针对不同的工业现场信号，如交流或直流、开关量或模拟量、电压或电流、脉冲或电位、强电或弱电等，有相应的 I/O 模块与工业现场的器件或设备直接连接。为了提高操作性能，有多种人-机对话的接口模块；它还有多种通信联网的接口模块，便于组成工业局部网络等。

（3）采用模块化结构。为了适应各种工业控制需要，除了单元式小型PLC外，绝大多数PLC采用模块化结构。PLC的各个部件，包括CPU、电源、I/O接口等均采用模块化设计，由机架及电缆将各模块连接起来，系统的规模和功能可根据用户的需要自行组合。

（4）编程简单易学，系统的设计、安装、调试工作量少，维修方便。

（5）体积小，能耗低。

3. PLC的分类

1）按硬件的结构类型分类

（1）整体式结构。整体式结构又称为基本单元。整体式PLC将CPU模块、I/O接口模块、电源模块等封装在一个箱型机壳内，其体积小、价格低、功能固定。整体式PLC配备有许多特殊功能的模块，以完成功能扩展。

（2）模块式结构。模块式结构PLC，其特点是电源模块、中央处理器CPU模块、I/O模块等在结构上是相对独立的，可根据现场控制要求，选择合适的模块，安装在导轨上，构成一个完整的PLC控制系统。

2）按照I/O点数容量分类

I/O点数即输入/输出点数，是PLC选型时重要的一项技术指标，I/O点数是指PLC面板上连接外部输入、输出的端子数之和。点数越多表示PLC可接入的输入器件和输出器件越多，控制规模越大。

（1）小型PLC。小型PLC的I/O点数在128之下，多数是整体机型，功能简单，如西门子S7-200 SMART系列PLC。

（2）中型PLC。中型PLC采用模块式结构，其I/O点数一般为256~1 024，如西门子S7-300系列PLC。

（3）大型PLC。一般I/O点数在1 024之上的称为大型机，如西门子S7-400系列PLC。

讨论题1：PLC的主要生产厂家有哪些？

知识点二 S7-1200 PLC的系统组成

西门子S7-1200 PLC系列是西门子公司新一代模块化小型机。SIMATIC S7-1200控制器实现了模块化和紧凑型设计，功能强大、可扩展性强、灵活度高，可实现最高标准工业通信的通信接口以及一整套强大的集成技术功能，使该控制器成为完整、全面的自动化解决方案的重要组成部分。

本书以西门子公司新一代模块化小型PLC S7-1200为主要讲授对象。S7-1200 PLC主要由CPU模块（简称为CPU）、信号板、信号模块、通信模块和编程软件组成，各种模块安装在标准DIN导轨上。S7-1200 PLC的硬件组成具有高度的灵活性，用户可以根据自身需求确定PLC的结构，系统扩展十分方便。

1. CPU 模块

1）S7-1200 PLC 的 CPU 模块结构

S7-1200 PLC 的 CPU 模块（图 1-24）将微处理器、电源、数字量输入/输出电路、模拟量输入/输出电路、PROFINET 以太网接口、高速运动控制功能组合到一个设计紧凑的外壳中。每块 CPU 内可以安装一块信号板（图 1-25），安装以后不会改变 CPU 的外形和体积。

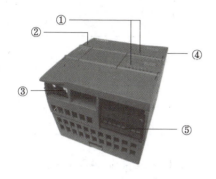

图 1-24　S7-1200 PLC 的 CPU 模块

图 1-25　安装信号板

图 1-24 中，①是集成的 I/O（输入/输出）状态的 LED（发光二极管），②是 3 个指示 CPU 运行状态的 LED，③是 PROFINET 以太网接口的 RJ45 连接器，④是存储卡插槽（在盖板下面），⑤是可拆卸的接线端子板。

微处理器相当于人的大脑和心脏，它不断地采集输入信号，执行用户程序，刷新系统的输出，存储器用来储存程序和数据。

S7-1200 PLC 集成的 PROFINET 接口用于与编程计算机、HMI（人机界面）、其他 PLC 或其他设备通信。此外，它还通过开放的以太网协议支持与第三方设备的通信。

2）S7-1200 PLC 的 CPU 型号

S7-1200 PLC 现有 5 种型号的 CPU（表 1-1）。不同的 CPU 型号提供了不同的特征和功能，用户可以针对不同的应用环境选择 CPU。

表 1-1　S7-1200 PLC CPU 技术规范

特征		CPU1211C	CPU1212C	CPU1214C	CPU1215C	CPU1217C
物理尺寸/(mm×mm×mm)		90×100×75	90×100×75	110×100×75	130×100×75	150×100×75
用户存储器	工作	50 KB	75 KB	100 KB	125 KB	150 KB
	负载	1 MB	2 MB	4 MB	4 MB	4 MB
	保持性	10 KB	10 KB	10 KB	10 KB	10 KB
本地板载 I/O	数字量	6 个输入/4 个输出	8 个输入/6 个输出	14 个输入/10 个输出	14 个输入/10 个输出	14 个输入/10 个输出
	模拟量	2 路输入	2 路输入	2 路输入	2 点输入/2 点输出	2 点输入/2 点输出
过程映像大小	输入 (I)	1 024 个字节				

可以通过查询产品手册获得各种型号 CPU 的常用技术规范。

每种 CPU 有三种具有不同电源电压和输入、输出电压的版本，见表 1-2 CPU1214C 电源配置规范。本书以 CPU1214C 为例，介绍西门子 S7-1200 PLC。

表 1-2　CPU1214C 电源配置规范

型号	电源电压	DI 输入回路电压	DO 输出回路电压
CPU1214C AC/DC/RLY	AC 85~264 V	DC 24 V	DC 5~30 V 或 AC 5~250 V
CPU1214C DC/DC/RLY	DC 24 V	DC 24 V	DC 5~30 V 或 AC 5~250 V
CPU1214C DC/DC/DC	DC 24 V	DC 24 V	DC 24 V

继电器输出型 RLY：带载灵活，负载电源交流 220 V 或直流 24 V 取决于负载。

晶体管输出型 DC：反应速度快，使用寿命长。负载电源直流 24 V。

CPU1214C 的电源配置也是选择 CPU 型号的依据，比如驱动交流负载需要 RLY 输出型 CPU，若需要输出高速脉冲，则只能选用晶体管输出型的 CPU。

3）PLC 的选型

PLC 选型主要考虑以下几点：

（1）I/O 点数。根据已经确定的 I/O 设备，统计所需要的 I/O 信号的点数，并预留 10%~15% 的容量。

（2）网络通信的模式。根据信号传输方式所需要的网络接口形式，选择支持现场总线网络、工业以太网络或点到点通信的 CPU。如果网络有路由要求，则要选择支持路由功能的 CPU。

（3）特殊功能需求。如果现场有高速计数或高速脉冲输出要求，可选择集成了该功能的 CPU。

2. 信号板与信号模块

各种 CPU 的正面都可以增加一块信号板。信号模块连接到 CPU 的右侧，以扩展其数字量或模拟量 I/O 的点数。CPU1211C 不能扩展信号模块，CPU1212C 只能连接两个信号模块，其他 CPU 可以连接 8 个信号模块。所有的 S7-1200 PLC CPU 都可以在 CPU 的左侧安装最多三个通信模块。

1）信号板

S7-1200 PLC 所有的 CPU 模块的正面都可以安装一块信号板，并且不会增加安装空间。有时添加一块信号板，就可以增加需要的功能。例如，数字量输出信号板使继电器输出的 CPU 具有高速输出的功能。

安装时首先取下端子盖板，然后将信号板直接插入 S7-1200 PLC CPU 正面的槽内（图 1-25）。信号板有可拆卸的端子，因此可以很容易地更换信号板。信号板和电池板有以下几种：

（1）SB 1221 数字量输入信号板，4 点输入的最高计数频率为 200 kHz。数字量输入、数字量输出信号板的额定电压有 DC 24 V 和 DC 5 V 两种。

（2）SB 1222 数字量输出信号板，4 点固态 MOSFET 输出的最高计数频率为 200 kHz。

（3）SB 1223 数字量输入/输出信号板，2 点输入和 2 点输出的最高频率均为 200 kHz。

（4）SB 1231 热电偶信号板和 RTD（热电阻）信号板，可选多种量程的传感器，分辨率为 0.1 ℃/0.1 F，15 位 + 符号位。

（5）SB 1231 模拟量输入信号板，有一路 12 位的输入，可测量电压和电流。

（6）SB 1232 模拟量输出信号板，一路输出，可输出分辨率为 12 位的电压和 11 位的电流。

（7）CB 1241 RS485 信号板，提供一个 RS–485 接口。

（8）BB 1297 电池板，适用于实时时钟的长期备份。

2）信号模块

输入（Input）模块和输出（Output）模块简称为 I/O 模块，数字量（又称为开关量）输入模块和数字量输出模块简称为 DI 模块和 DQ 模块，模拟量输入模块和模拟量输出模块简称为 AI 模块和 AQ 模块，它们统称为信号模块，简称为 SM。

信号模块安装在 CPU 模块的右边，扩展能力最强的 CPU 可以扩展 8 个信号模块，以增加数字量和模拟量输入、输出点。信号模块是系统的眼、耳、手和脚，是联系外部现场设备和 CPU 的桥梁。输入模块用来接收和采集输入信号，数字量输入模块用来接收来自按钮、选择开关、数字拨码开关、限位开关、接近开关、光电开关、压力继电器等设备的数字量输入信号。模拟量输入模块用来接收电位器、测速发电机和各种变送器提供的连续变化的模拟量电流、电压信号，或者直接接收热电阻、热电偶提供的温度信号。

数字量输出模块用来控制接触器、电磁阀、电磁铁、指示灯、数字显示装置和报警装置等输出设备，模拟量输出模块用来控制电动调节阀、变频器等执行器。

CPU 模块内部的工作电压一般是 DC 5 V，而 PLC 的外部输入/输出信号电压一般较高，如 DC 24 V 或 AC 220 V。从外部引入的尖峰电压和干扰噪声可能损坏 CPU 中的元器件，或使 PLC 不能正常工作。在信号模块中，用光耦合器、光敏晶闸管、小型继电器等器件来隔离 PLC 的内部电路和外部的输入、输出电路。信号模块除了传递信号外，还有电平转换与隔离的作用。

3）数字量 I/O 模块

可以选用 8 点、16 点和 32 点的数字量输入/数字量输出模块（表 1–3），来满足不同的控制需要。8 路继电器输出（双态）的 DQ 模块的每一点，可以通过有公共端子的一个常闭触点和一个常开触点，在输出值为 0 和 1 时，分别控制两个负载。

表 1–3 CPU1214C 电源配置规范

型号	型号
SM 1221，8 路输入 DC 24 V	SM 1222，8 路继电器输出（双态），2 A
SM 1221，16 路输入 DC 24 V	SM 1223，8 路输入 DC 24 V/8 路继电器输出，2 A

续表

型号	型号
SM 1222，8 路继电器输出，2 A	SM 1223，16 路输入 DC 24 V/16 路继电器输出，2 A
SM 1222，16 路继电器输出，2 A	SM 1223，8 路输入 DC 24 V/8 路输出 DC 24 V，0.5 A
SM 1222，8 路输出 DC 24 V，0.5 A	SM 1223，16 路输入 DC 24 V/16 路输出 DC 24 V，0.5 A
SM 1222，16 路输出 DC 24 V，0.5 A	SM 1223，8 路输入 AC 230 V/8 路继电器输出，2 A

所有的模块都能方便地安装在标准的 35 mm DIN 导轨上。所有的硬件都配备了可拆卸的端子板，无须重新接线，就能迅速更换组件。

4）模拟量 I/O 模块

在工业控制中，某些输入量（如压力、温度、流量、转速等）是模拟量，某些执行机构（如电动调节阀和变频器等）要求 PLC 输出模拟量信号，而 PLC 的 CPU 只能处理数字量。模拟量首先被传感器和变送器转换为标准量程的电流或电压，如 4～20 mA，±0～10 V，PLC 用模拟量输入模块的 AD 转换器将它们转换成数字量。带正负号的电流或电压在 AD 转换后用二进制补码来表示。模拟量输出模块的 DA 转换器将 PLC 中的数字量转换为模拟量电压或电流，再去控制执行机构。模拟量 I/O 模块的主要任务就是实现 AD 转换（模拟量输入）和 DA 转换（模拟量输出）。AD 转换器和 DA 转换器的二进制位数反映了它们的分辨率，位数越多，分辨率越高。模拟量输入/模拟量输出模块的另一个重要指标是转换时间。模拟量 I/O 模块有以下几种。

（1）SM 1231 模拟量输入模块，有 4 路、8 路的 13 位模块和 4 路的 16 位模块。模拟量输入可选 ±10 V、±5 V 和 0～20 mA、4～20 mA 等多种量程。电压输入的输入电阻大于等于 9 MΩ，电流输入的输入电阻为 280 Ω。双极性模拟量满量程转换后对应的数字为 -27 648～27 648，单极性模拟量对应的数字为 0～27 648。

（2）SM 1231 热电偶和热电阻模拟量输入模块，有 4 路、8 路的热电偶（TC）模块和 4 路、8 路的热电阻（RTD）模块。可选多种量程的传感器，分辨率为 0.1 ℃/0.1 F，15 位 + 符号位。

（3）SM 1232 模拟量输出模块，有 2 路和 4 路的模拟量输出模块，-10～10 V 电压输出为 14 位，最小负载阻抗为 1 000 Ω。0～20 mA 或 4～20 mA 电流输出为 13 位，最大负载阻抗为 600 Ω。-27 648～27 648 对应满量程电压，0～27 648 对应满量程电流。

（4）SM 1234 4 路模拟量输入/2 路模拟量输出模块。SM 1234 模块的模拟量输入和模拟量输出通道的性能指标分别与 SM 1231AI4×13 bit 模块和 SM 1232AQ2×14bit 模块的相同，相当于这两种模块的组合。

3. 通信模块

通信模块安装在 CPU 模块的左边，最多可以添加三块通信模块，可以使用点对点通信模块、PROFIBUS 模块、工业远程通信模块、AS-i 接口模块和 I/O-Link 模块。

4. 精简系列面板

第二代精简系列面板主要与 S7－1200 PLC 配套，64K 色高分辨率宽屏显示器的尺寸为 4.3 in[①]、7 in、9 in 和 12 in，支持垂直安装，用 TIA 博途中的 WinCC 组态。它们有一个 RS－422/RS－485 接口或一个 RJ－45 以太网接口，还有一个 USB 2.0 接口。

5. 编程软件

TIA 是 Totally Integrated Automation（全集成自动化）的简称，TIA 博途（TIA Portal）是西门子自动化的全新工程设计软件平台。S7－1200 PLC 使用 TIA 博途中的 STEP7 Basic（基本版）或 STEP 7 Professional（专业版）编程。

知识点三　S7－1200 PLC 的硬件接线

以 CPU1214C AC/DC/RLY（6ES7 214－1BG40－0XB0）为例，其外部接线如图 1－26 所示。

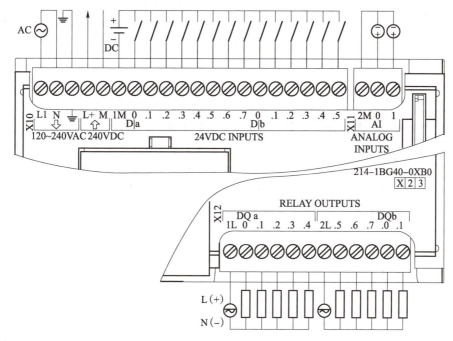

图 1－26　CPU1214C AC/DC/RLY 外部接线图

注意事项：

（1）L1 或 N 端子连接到最高 240 V AC 的电压源。

（2）DC 24 V 传感器电源输出要获得更好的抗噪声效果，即使未使用传感器电源，也要将"M"连接到机壳接地。

（3）对于漏型输入，将"－"连接到"M"；对于源型输入，将"＋"连接到"M"。

（4）当 CPU 既有交流负载又有直流负载时，需要对负载进行分组处理，交流负载组使用 AC 220 V 电源，直流负载组使用 DC 24 V 电源。

---

① 1 in＝25.4 mm。

知识点四　S7-1200 PLC 的编程语言

（配套视频 4、项目一任务二——编程语言）

编程语言

PLC 编程语言标准是由 IEC（国际电工委员会）制定的，IEC61131-3 PLC 的编程语言标准是迄今为止唯一的工业控制系统的编程语言标准。目前有越来越多生产 PLC 的厂家提供符合 IEC61131-3 标准的产品。

S7-1200 PLC 使用梯形图（LAD）、函数块图（FBD）和结构化控制语言（SCL）三种编程语言。

1. 梯形图

梯形图（LAD）是使用最多的 PLC 图形编程语言。梯形图与继电器电路图相似，具有直观、易懂的优点，很容易被工厂熟悉继电器控制的电气人员掌握，特别适用于数字量逻辑控制。有时把梯形图称为电路或程序。

梯形图由触点、线圈和用方框表示的指令框组成。触点代表逻辑输入条件，如外部的开关、按钮和内部条件等。线圈通常代表逻辑运算的结果，常用来控制外部的负载和内部的标志位等。指令框用来表示定时器、计数器或者数学运算等指令。

1) 左母线

在梯形图程序的左边，有一条从上到下的竖线，叫左母线。所有的程序支路都连接在左母线上，并起始于左母线。

左母线上有一个始终存在，由上而下从左到右的电流（能流），叫假象电流。

利用能流概念进行梯形图程序的分析。

2) 触点

触点符号（图 1-27）代表输入条件，如外部开关、按钮及内部条件等。CPU 运行扫描到触点符号时，到触点位指定的存储器位访问（即 CPU 对存储器的读操作）。该位数据（状态）为 1 时，表示"能流"能通过。计算机读操作的次数不受限制，用户程序中，常开触点、常闭触点可以使用无数次。

图 1-27　触点符号

3) 线圈

线圈表示输出结果，通过输出接口电路来控制外部的指示灯、接触器，以及内部的输出条件等。线圈左侧接点组成的逻辑运算结果为 1 时，"能流"可以达到线圈，使线圈得电动作，CPU 将线圈的位地址指定的存储器的位置置为 1，逻辑运算结果为 0，线圈不通电，存储器的位置为 0。即线圈代表 CPU 对存储器的写操作。PLC 采用循环扫描的工作方式，所以在用户程序中，每个线圈只能使用一次。

在 PLC 程序中提出"软继电器"的概念。一个软继电器实际上是一个内部存储单元，存储"0"或"1"数据，与物理继电器的线圈对应，称之为"得电"或"失电"状态。一个软继电器的线圈与常开触点及常闭触点状态的关系完全等同于物理继电器，如表 1-4 所示。

表1-4 继电器线圈与常开触点及常闭触点的关系

元件	状态	
线圈	得电"1"态	失电"0"态
常开触点	接通"1"态	断开"0"态
常闭触点	断开"0"态	接通"1"态

从表1-4可知,常开触点的状态与线圈状态相同,常闭触点的状态与线圈状态相反。实际上在PLC内部程序执行过程中,扫描到常开触点时,调用所存储的数据,而常闭触点是数据的取反调用。

触点和线圈等组成的电路称为程序段,英语名称为Network(网络),STEP7自动地为程序段编号。可以在程序段编号的右边加上程序段的标题,在程序段编号下面为程序段加上注释(图1-28)。

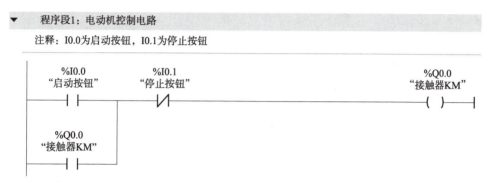

图1-28 梯形图

4)指令框

指令框代表一些较复杂的功能,如定时器、计数器或数学运算指令等。当"能流"通过指令框时,执行指令框所代表的功能。

2. 函数块图

函数块图(Function Definition Module,FBD)使用类似于数字电路的图形逻辑符号来表示控制逻辑,有数字电路基础的人很容易掌握。国内很少有人使用函数块图语言。

在函数块图中,用类似于与门(带有符号"&")、或门(带有符号">=1")的方框来表示逻辑运算关系,方框的左边为逻辑运算的输入变量,右边为输出变量,输入、输出端的小圆圈表示"非"运算,方框被"导线"连接在一起,信号自左向右流动。指令框用来表示一些复杂的功能,如数学运算等。

3. 结构化控制语言

结构化控制语言(Structured Control Language,SCL)是一种基于PASCAL的高级编程语言。这种语言基于IEC 1131-3标准。SCL除了包含PLC的典型元素(如输入、输出、定时器或存储器位)外,还包含高级编程语言中的表达式、赋值运算和运算符。SCL提供了简便的指令进行程序控制,如创建程序分支、循环或跳转。SCL尤其适用于下列应用领域:数据管理、过程优化、配方管理和数学计算、统计任务。

任务工单

任务名称	电动机点动运行PLC控制系统设计		指导老师	
姓名、学号			班级	
组别			组长	
组员姓名				
任务要求	移动机构的运行由三相异步电动机拖动实现，要求当按下前进按钮时，电动机通电运转，使移动机构前进，松开按钮时，移动机构停止运行。要求应用PLC实现电动机点动运行控制			
材料清单				
资讯与参考				
决策与方案				
实施步骤与过程记录				
检查与评价	自我检查记录			
	结果记录			
文档清单	列写本任务完成过程中涉及的所有文档，并提供纸质或电子文档			
	序号	文档名称	电子文档存储路径	完成时间	负责人

任务实施

（1）根据任务要求，对PLC的输入量、输出量进行分配，列出I/O分配表，明确线路用了哪些电气元件。

链接提示：PLC 的 I/O 分配表。

PLC 的 I/O 分配表就是指将每一个输入设备对应一个 PLC 的输入点，将每一个输出设备对应一个 PLC 的输出点，如表 1-5 所示。

表 1-5　电动机点动控制 I/O 分配表

元件	地址
启动按钮 SB	I0.0
接触器 KM	Q0.0

（2）根据列出的 I/O 分配表，绘制电动机点动运行的主电路及 PLC 硬件接线图。

（3）根据要求，编写梯形图程序。

任务评价

1. 小组互评

小组互评任务验收单

任务名称	电动机点动运行 PLC 控制系统设计	验收结论	
验收负责人		验收时间	
验收成员			
任务要求	移动机构的运行由三相异步电动机拖动实现,要求当按下前进按钮时,电动机通电运转,使移动机构前进,松开按钮时,移动机构停止运行。要求应用 PLC 实现电动机点动运行控制系统的设计		
实施方案确认			
文档接收清单	接收本任务完成过程中涉及的所有文档		

序号	文档名称	接收人	接收时间

配分表

考核内容	评分标准	配分	得分
列写所用的电气元件	能够正确列出电动机点动运行 PLC 控制中用到的所有电气元件。一处错误扣 5 分	15 分	
列写 I/O 分配表	I/O 分配正确。一处错误扣 5 分	25 分	
绘制主电路图	能够正确绘制电动机点动运行 PLC 控制主电路图。一处错误扣 5 分	20 分	
绘制 PLC 硬件接线图	输入信号接线正确。一处错误扣 5 分;输出信号接线正确。一处错误扣 5 分	25 分	
编写梯形图程序	能够正确编写电动机点动运行 PLC 控制梯形图程序。一处错误扣 5 分	15 分	

效果评价	

2. 教师评价

教师评价任务验收单

任务名称	电动机点动运行 PLC 控制系统设计	验收结论	
验收教师		验收时间	
任务要求	\multicolumn{3}{l	}{移动机构的运行由三相异步电动机拖动实现，要求当按下前进按钮时，电动机通电运转，使移动机构前进；松开按钮时，移动机构停止运行。要求应用 PLC 实现电动机点动运行控制系统的设计}
实施方案确认			

文档接收清单	接收本任务完成过程中涉及的所有文档			
	序号	文档名称	接收人	接收时间

验收评分	配分表			
	考核内容	评分标准	配分	得分
	列写所用的电气元件	能够正确列出电动机点动运行 PLC 控制中用到的所有电气元件。一处错误扣 5 分	15 分	
	列写 I/O 分配表	I/O 分配正确。一处错误扣 5 分	25 分	
	绘制主电路图	能够正确绘制电动机点动运行 PLC 控制主电路图。一处错误扣 5 分	20 分	
	绘制 PLC 硬件接线图	输入信号接线正确。一处错误扣 5 分；输出信号接线正确。一处错误扣 5 分	25 分	
	编写梯形图程序	能够正确编写电动机点动运行 PLC 控制梯形图程序。一处错误扣 5 分。	15 分	

效果评价	

任务总结

(1) 什么是可编程控制器？可编程控制的应用有哪些？

(2) 电动机点动运行电气控制和 PLC 控制相比，有什么区别和联系？

(3) 在任务完成过程中遇到了哪些问题？是如何解决的？

思考与练习

(1) S7-1200 PLC 的硬件主要由哪些部分组成？

（2）什么是信号模块？什么是通信模块？CPU1214C 最多可以扩展多少个信号模块和通信模块？

（3）S7-1200 PLC 使用的编程语言有哪些？使用最多的是哪种？梯形图由哪几部分组成？

（4）S7-1200 CPU1214C AC/DC/RLY 型的 PLC 代表的是什么意思？

项目二 三相异步电动机的连续运转控制

项目说明

在自动化生产过程中,机械设备经过点动试运行成功后,就可以开始连续运行工作,生产机械的启动与停止是最简单也是最常见的控制过程。电动机连续运转控制是指按下启动按钮SB1,接触器KM线圈得电并吸合,闭合其主触头,电动机得电启动运转;松开启动按钮SB1,电动机保持运转;直到按下停止按钮SB2,电动机停止运转的过程。

本项目分为两个任务模块,首先进行三相异步电动机连续运转电气控制线路的设计与运行,然后将电气控制线路进行PLC改造并上机调试。与本任务相关的知识为三相异步电动机连续运转的控制原理、电气控制系统布置图和接线图绘制原则、S7-1200 PLC的工作原理、TIA博途软件的使用、PLC基本位指令等。整个实施过程中涉及电气图识读、元器件选型与安装、设备的调试与运行、PLC编程与调试、安全用电等方面的内容。

任务一 电动机连续运转电气控制

学习目标

(1) 能够识读、绘制电动机连续运转电气控制原理图。
(2) 能够识读、绘制电动机连续运转电气控制线路安装接线图。
(3) 能够正确选择、安装电气元件,掌握配线原则。
(4) 掌握控制电路通电测试的方法。
(5) 在操作中提高安全意识,断电接线,安全用电。

任务描述

如图2-1所示,传送带的运转由电动机拖动,无论在什么位置按下启动按钮,电动机必须启动并自动进入稳定运行;一旦停止按钮按下,电动机应自动停止。即要求当按下启动按钮时,电动机通电运转;松开启动按钮时,电动机保持运转;按下停止按钮时,电动机停止运转。请根据任务要求设计电气控制原理图、接线图,并完成通电运行。

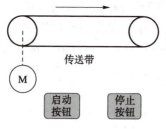

图 2–1　传送带运行示意图

引导问题 1：电动机连续运转控制与电动机点动运行控制的区别是什么？

引导问题 2：电动机连续运转控制中使用了哪些电气元件？

引导问题 3：电动机的连续运转控制还可以有哪些实际应用？

知识链接

知识点一　电气控制系统的组成

电气控制系统主要由受令部分、分析判断部分和执行部分构成，其功能与其他控制系统相同。从具体电路上看，电气控制电路可分为主回路和控制回路两部分。一般电气系统由以下几部分构成。

（1）测量部分和显示部分。测量部分和显示部分由传感器、变换元件、各种仪器仪表等组成，专门检测和显示外部信号。例如，温度传感器检测温度变化信号，位移传感器检测位置移动距离信号，电流表显示电流变化信号。

（2）控制部分。控制部分是整个控制系统中的核心部分，主要是由各种低压电气元件组成的主回路和控制回路，实现控制系统的输出，并具有各种保护功能。

(3) 执行部分。执行部分是实现对控制部分输出的响应，驱动电动机带动生产机械运行。

(4) 电源部分。电源部分是为主回路和控制回路提供电源，并能够对主回路和控制回路电源进行保护，以保证设备电路在发生短路故障时及时切断电源。

知识点二　电气控制系统识图

电气识图是从事电气控制系统设计的基础，正确识读电气控制系统图，正确绘制电气图，才能完成控制功能，才能正确应用和维护。

按用途和表达方式的不同，电气控制系统图可分为电气原理图、电气布置图、电气安装接线图等几种。

1. 电气原理图

电气原理图采用国标规定的图文符号，以电气元件展开的形式绘制而成。它不按照电气元件的实际布置位置来绘制，也不反映电气元件的大小，但包含了所有电气元件的导电部件和接线端点。其主要作用是便于了解电气控制系统的工作原理，方便电气设备的安装、调试与维修。

2. 电气布置图

电气布置图主要是标示电气设备上电气元件的实际位置，方便电气控制设备的制造、安装。在实际应用中，一般将电气布置图与电气安装接线图组合在一起，以便于安装施工时一目了然。

电气布置图绘制时应注意以下事项：

(1) 体积大和较重的电气元件应安装在电器安装板的下方，而发热元件应安装在电器安装板的上面。

(2) 强电、弱电应分开，弱电应屏蔽，防止外界干扰。

(3) 需要经常维护、检修、调整的电气元件，其安装位置不宜过高或过低。

(4) 电气元件的布置应考虑整齐、美观、对称。外形尺寸与结构类似的电器安装在一起，以利于安装和配线。

(5) 电气元件布置不宜过密，应留有一定的间距。如用走线槽，应加大各排电器间距，以利于布线和维修。

3. 电气安装接线图

电气安装接线图是采用国标规定的图文符号，按各电气元件相对位置绘制的实际接线图。绘图时不仅要把同一电器的各个部件画在一起，而且各个部件的布置要尽可能符合电器的实际情况。电气安装接线图中的回路标号是电气设备之间、电气元件之间、导线与导线之间的连接标记，它的图文符号应与电气原理图一致。

知识点三　电动机连续运转控制电气原理图

（配套视频5、项目二任务一——电动机连续正转控制的实现）

电动机连续正转控制的实现

1. 电路组成

三相异步电动机连续运转电气控制原理如图2-2所示。

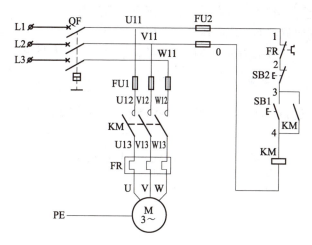

图 2-2 三相异步电动机连续运转电气控制原理

主电路由断路器 QF、熔断器 FU、接触器 KM 的常开主触点、热继电器 FR 的热元件和电动机 M 组成。

控制电路由启动按钮 SB1、停止按钮 SB2、接触器 KM 线圈和常开辅助触点、热继电器 FR 的常闭触点构成。

2. 线路工作原理

电动机启动：合上断路器 QF，按启动按钮 SB1，接触器 KM 线圈得电，接触器 KM 的三对常开主触点闭合，将电动机 M 接入电源，电动机开始启动。同时，与 SB1 并联的 KM 的常开辅助触点闭合，即使松手断开 SB1，接触器线圈 KM 通过其辅助触点也可以继续保持通电，维持吸合状态。

凡利用自己的辅助触点来保持其线圈带电的称为自锁，此触点为自锁触点。由于 KM 的自锁作用，当松开启动按钮 SB1 后，电动机 M 仍能继续启动，最后达到稳定运转。

按停止按钮 SB2，接触器 KM 的线圈失电，其主触点和常开辅助触点均断开，电动机脱离电源，停止运转。这时，即使松开停止按钮，由于自锁触点断开，接触器 KM 线圈不会再通电，电动机不会自行启动。只有再次按下启动按钮 SB1 时，电动机方能再次启动运转。

3. 保护环节

（1）短路保护。短路时通过熔断器 FU 的熔体熔断切开主电路。

（2）过载保护。当机械出现过载时，导致电动机定子发热，此时由热继电器来承担过载保护。由于热继电器的热惯性比较大，即使热元件上流过几倍额定电流，热继电器也不会立即动作。在电动机启动时间不太长的情况下，热继电器经得起电动机启动电流的冲击而不会动作，只有在电动机长期过载下热继电器 FR 才动作，其常闭触点断开，使接触器 KM 线圈失电，切断电动机主电路，电动机停转，实现过载保护。

（3）欠压和失压保护。电动机控制系统出现欠压和失压都有可能造成生产设备或人身事故，所以在控制电路中都应该加上欠压和失压保护装置。由于接触器具有欠压和失压保护功能，所以在三相异步电动机连续运转控制电路中欠压和失压保护是通过接触器 KM 的自锁触点来实现的。

控制电路具备了欠压和失压保护能力后，有以下三方面优点：

① 防止电压严重下降时电动机在重负载情况下低压运行。
② 避免电动机同时启动而造成电压严重下降。
③ 防止电源电压恢复时电动机突然启动运转，造成设备和人身事故。

知识点四　电动机连续运转控制电气安装接线图

图 2-3 所示为三相异步电动机连续运转控制电气安装接线图。

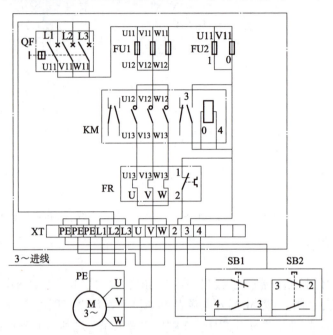

图 2-3　三相异步电动机连续运转控制电气安装接线图

安装接线图主要用于电器的安装接线、线路检查、线路维修和故障处理，通常接线图与电气原理图和元件布置图一起使用。

电气接线图的绘制、识读原则如下：

(1) 接线图中一般示出电气设备和电气元件的相对位置、文字符号、端子号、导线号、导线类型、导线截面积、屏蔽和导线绞合等。

(2) 所有的电气设备和电气元件都按其所在的实际位置绘制在图纸上，且同一电器的各元件根据其实际结构，使用与电路图相同的图形符号画在一起，并用点画线框上，文字符号以及接线端子的编号应与电路图的标注一致，以便对照检查线路。

(3) 接线图中的导线有单根导线、导线组、电缆之分，可用连续线和中断线来表示。走向相同的可以合并，用线束来表示，到达接线端子或电气元件的连接点时再分别画出。另外，导线及管子的型号、根数和规格应标注清楚。

讨论题：电气原理图与安装接线图的区别和联系有哪些？

任务工单

任务工单

任务名称	电动机连续运转电气控制	指导老师	
姓名、学号		班级	
组别		组长	
组员姓名			
任务要求	传送带的运转由电动机拖动,无论在什么位置按下启动按钮,电动机必须启动并自动进入稳定运行;一旦按下停止按钮,电动机应自动停止。请根据任务要求设计电气控制原理图、接线图,并完成通电运行		
材料清单			
资讯与参考			
决策与方案			
实施步骤与过程记录			
检查与评价	自我检查记录		
	结果记录		
文档清单	列写本任务完成过程中涉及的所有文档,并提供纸质或电子文档		
	序号	文档名称	电子文档存储路径	完成时间	负责人

任务实施

(1) 绘制电动机连续运转电气控制线路原理图。

项目二 三相异步电动机的连续运转控制

(2) 绘制电动机连续运转电气控制线路安装接线图。

(3) 进行线路安装,并简述安装要点。

链接提示:低压电器的安装要求及配线原则。

①安装要求。电气元件选好安装时,要有安装附件,电气控制柜中元器件和导线的固定和安装中,常用的安装附件如下。

a. 走线槽。走线槽由锯齿形的塑料槽和盖组成,有宽、窄等多种规格。用于导线和电缆的走线,可以使柜内走线美观、整洁,如图2-4所示。

b. 扎线带和固定盘。尼龙扎线带可以把一束导线扎紧到一起,根据长短和粗细有多种型号,如图2-5所示。固定盘上有小孔,背面有黏胶,它可以粘到其他屏幕物体上,用来配合扎线带的使用。

c. 波纹管。用于控制柜中裸露出来的导线部分的缠绕或作为外套保护导线,一般由PVC软质塑料制成,如图2-6所示。

图2-4 走线槽　　　　图2-5 扎线带　　　　图2-6 波纹管

d. 线号管。空白线号管由PVC软质塑料制成,线号管可用专门的打号机打印上各种需要的符号,套在导线的接头端,用来标记导线,如图2-7所示。

e. 接线插、接线端子。接线插俗称线鼻子,用来连接导线,并使导线方便、可靠地连接到端子排或接线座上,它有各种型号和规格。接线端子为两段分断的导线提供连接,接线插可以方便地连接到它上面,现在新型的接线端子技术含量很高,接线更加方便快捷,导线直接可以连接到接线端子的插孔中,如图2-8所示。

f. 安装导轨。安装导轨用来安装各种有卡槽的元器件,用合金或铝材料制成,如图2-9所示。

图2-7 线号管

图2-8 接线端子

图2-9 安装导轨

②配线原则。

a. 走线通道应尽可能少，按主、控电路分类集中，单层平行密排或成束，应紧贴敷设面。

b. 同一平面的导线应高低一致或前后一致，不能交叉。当必须交叉时，可水平架空跨越，但必须走线合理。

c. 布线应横平竖直，变换走向应垂直90°。

d. 导线与接线端子或线桩连接时，应不压绝缘层，不反圈及露铜，不大于1mm，并做到同一元件、同一回路的不同接点的导线间距离保持一致。

e. 一个电气元件接线端子上的连接导线不得超过两根，每节接线端子板上的连接导线一般只允许连接一根。

f. 布线时，严禁损伤线芯和导线绝缘层。

g. 控制电路必须套编码套管。

h. 为了便于识别，导线应有相应的颜色标志：

ⅰ. 保护导线（PE）必须采用黄绿双色，中性线（N）必须是浅蓝色。

ⅱ. 交流或直流动力电路应采用黑色，交流控制电路采用红色，直流控制电路采用蓝色。

ⅲ. 用作控制电路联锁的导线，如果是与外边控制电路连接，而且当电源开关断开仍带电时，应采用橘黄色或黄色，与保护导线连接的线路采用白色。

（4）检查线路和试运行，简述试运行步骤。

链接提示：控制电路通电测试。

控制电路通电测试注意事项如下：

①线路检查。先检查主回路，再检查控制回路，分别用万用表测量各电器与电路是否正常。

②控制电路操作试运行。经上述检查无误后，检查三相电源，接通主电路，按下对应的启动、停止按钮，各接触器等应有相应的动作。

③试运行。在控制电路操作试运行后，合上主电路电源开关，按下启动按钮SB1，电动机应动作运转，然后按下停止按钮SB2，电动机应断电停车。

任务评价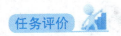

1. 小组互评

小组互评任务验收单

任务名称	电动机连续运转电气控制	验收结论	
验收负责人		验收时间	
验收成员			
任务要求	传送带的运转由电动机拖动,无论在什么位置按下启动按钮,电动机必须启动并自动进入稳定运行;一旦按下停止按钮,电动机应自动停止。请根据任务要求设计电气控制原理图、接线图,并完成通电运行		
实施方案确认			

文档接收清单	接收本任务完成过程中涉及的所有文档		
	序号	文档名称	接收人	接收时间

验收评分	配分表		
	评分标准	配分	得分
	能够正确绘制电动机连续运转电气控制原理图。一处错误扣5分	15分	
	能够正确绘制电动机连续运转电气安装接线图。一处错误扣5分	15分	
	能够正确使用工具和仪表,熟练安装电气元件。一处安装出错或不牢固扣1分;损坏元件扣5分	20分	
	布线要求美观、紧固、实用、无毛刺,端子标识正确。布线不规范扣5分	10分	
	无任何设备故障且保证人身安全的前提下通电运行一次成功。一次试运行不成功扣5分,二次试运行不成功扣10分,三次试运行不成功不得分	30分	
	安全规范操作。如有带电接线操作,一次扣5分。损坏元器件一次扣2分。工作台面保持干净整洁,所用工具摆放整齐有序,否则扣5分	10分	

效果评价	

2. 教师评价

教师评价任务验收单

任务名称	电动机连续运转电气控制	验收结论	
验收教师		验收时间	
任务要求	传送带的运转由电动机拖动，无论在什么位置按下启动按钮，电动机必须启动并自动进入稳定运行；一旦按下停止按钮，电动机应自动停止。请根据任务要求设计电气控制原理图、接线图，并完成通电运行		
实施方案确认			
文档接收清单	接收本任务完成过程中涉及的所有文档		
	序号	文档名称	接收人	接收时间

配分表

	评分标准	配分	得分
验收评分	能够正确绘制电动机连续运转电气控制原理图。一处错误扣 5 分	15 分	
	能够正确绘制电动机连续运转电气安装接线图。一处错误扣 5 分	15 分	
	能够正确使用工具和仪表，熟练安装电气元件。一处安装出错或不牢固扣 1 分；损坏元件扣 5 分	20 分	
	布线要求美观、紧固、实用、无毛刺，端子标识正确。布线不规范扣 5 分	10 分	
	无任何设备故障且保证人身安全的前提下通电运行一次成功。一次试运行不成功扣 5 分，二次试运行不成功扣 10 分，三次试运行不成功不得分	30 分	
	安全规范操作。如有带电接线操作，一次扣 5 分。损坏元器件一次扣 2 分。工作台面保持干净整洁，所用工具摆放整齐有序，否则扣 5 分	10 分	
效果评价			

任务总结

（1）电动机连续运转是否通电试运行成功？在试运行中遇到了哪些问题？是如何解决的？

（2）分析总结电动机连续运转控制与电动机点动运行控制的区别与联系。

思考与练习

（1）简述电动机连续运转电气控制线路工作原理。

（2）什么是自锁？自锁的作用是什么？

（3）电动机点动与连续运转控制线路各适用何种生产实际需求？

（4）读图 2 – 10 并分析，图 2 – 10 实现什么控制功能？其控制原理是什么？并写出各电气元件符号所对应的电气元件名称。

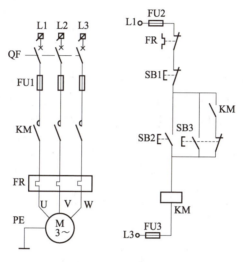

图 2 – 10　电气控制原理图

任务二　电动机连续运转 PLC 控制系统设计

学习目标

（1）掌握 S7-1200 PLC 的工作原理。
（2）掌握 TIA 博途 PLC 编程软件的使用。
（3）能够正确分析控制任务，使用 PLC 编制简单控制程序。
（4）掌握启保停电路的程序设计方法。
（5）培养规范性，合理设计程序。

任务描述

如图 2-11 所示，传送带的运转由电动机拖动，无论在什么位置按下启动按钮，电动机必须启动并自动进入稳定运行；一旦按下停止按钮，电动机应自动停止。即要求当按下启动按钮时，电动机通电运转；松开启动按钮时，电动机保持运转；按下停止按钮时，电动机停止运转。

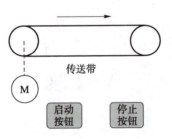

图 2-11　传送带运行示意图

在上一任务中学习了电动机连续运转电气控制线路的相关知识，在本任务中应用 PLC 实现电动机的连续运转控制。

任务引导

引导问题 1：电动机连续运转电气控制线路中是如何实现松开启动按钮，电动机保持运转的？

引导问题 2：如何使用 PLC 编程实现自锁控制？

引导问题 3：使用 PLC 进行控制系统设计的步骤是什么？

知识点一　S7-1200 PLC 的工作原理

PLC 的工作原理是通过执行反映控制要求的用户程序来完成控制任务，其 CPU 以分时操作方式来处理各项任务。计算机在每一瞬间只能做一件事，程序的执行按程序顺序依次完成相应段落上的动作，所以它属于串行工作方式。

PLC 的工作方式有两个显著的特点：一个是周期性顺序扫描；另一个是信号集中批处理。

PLC 通电后，需要对软/硬件都做一些初始化工作，为了使 PLC 的输出及时响应各种输入信号，初始化后反复不停地分步处理各种不同的任务，这种周而复始的循环工作方式称为周期性顺序扫描工作方式。

PLC 在运行过程中，总是处在不断循环的顺序扫描过程中，每次扫描所用的时间称为扫描时间，又称为扫描周期或工作周期。

由于 PLC 的 I/O 点数较多，采用集中批处理的方法可简化操作过程以便于控制，从而提高系统的可靠性。因此，PLC 的另一个特点是对输入采样、用户程序执行、输出刷新实施集中批处理。

1. 输入采样扫描阶段

在 PLC 的存储器中，设置了一定的区域来存放输入信号和输出信号的状态，它们分别称为输入映像寄存器和输出映像寄存器，CPU 以字节（符号为 B，1 B = 8 bit）为单位来读写输入/输出映像寄存器。

这是第一个集中批处理过程。在这个阶段中，PLC 首先按顺序扫描所有输入端子，并将各输入状态存入相应的输入映像寄存器中。此时，输入映像寄存器被刷新，在当前的扫描周期内，用户程序依据的输入信号的状态（ON 或 OFF）均从输入映像寄存器中读取，而不管此时外部输入信号的状态是否变化。在此程序执行阶段和接下来的输出刷新阶段，输入映像寄存器与外界隔离，即使此时外部输入信号的状态发生变化，也只能在下一个扫描周期的输入采样阶段去读取。一般来说，输入信号的宽度要大于一个扫描周期，否则很可能造成信号丢失。

2. 用户程序执行扫描阶段

PLC 的用户程序由若干条指令组成，指令在存储器中按照顺序排列。在 RUN 工作模式的用户程序执行阶段，在没有跳转指令时，CPU 从第一条指令开始，逐条顺序地执行用户程序。

在执行指令时，从 I/O 映像寄存器或其他位元件映像寄存器中读取其 ON/OFF 状态，并根据指令的要求执行相应的逻辑运算，运算的结果写入相应的映像寄存器中。因此，除了输入映像寄存器为只读属性外，各映像寄存器的内容随着程序的执行而变化。

这是第二个集中批处理过程。具体来说，此阶段 PLC 的工作过程是 CPU 对用户程序按顺序进行扫描，每扫描到一条指令，就要去输入映像寄存器中读取所需要的输入信息的状态，而不是直接使用现场的即时输入信息。因为第一个批处理过程（取输入信号状态）已经结束，"大门"已经关闭，现场的即时信号此刻是进不来的。其他信息则是从 PLC 的元件映像寄存器中读取，在这个顺序扫描过程中，每一次运算的中间结果都立即写入元件映像寄存器中，这样该元件的状态马上就可以被后面将要扫描到的指令所利用，所以在编程时指令的先后位置将决定最后的输出结果。对于输出继电器的扫描结果，并不是马上就去驱动外部负载，而是将其结果写入元件映像寄存器中的输出映像寄存器中，该元件的状态也马上就可以被后面将要扫描到的指令所利用，待整个用户程序扫描阶段结束后，进入输出刷新扫描阶段时，成批地将输出信号状态送出去。

3. 输出刷新扫描阶段

CPU 执行完用户程序后，将输出映像寄存器的（ON/OFF）状态传送到输出模块并锁存起来，梯形图中的某一输出位的线圈"得电"时，对应的输出映像寄存器为"1"状态。信号经输出模块隔离和功率放大后，继电器型输出模块中对应的硬件继电器线圈得电，它的常开触点闭合，使外部负载通电工作。至此，一个周期扫描过程中的三个主要过程就结束了，CPU 又进入下一个扫描周期。

这是第三个集中批处理过程，用时极短，在本周期内，用户程序全部扫描后，就已经定好了某一输出位的状态。进入这个阶段的第一步时，信号状态已经送到输出映像寄存器中，也就是说输出映像寄存器的数据取决于输出指令的执行结果。然后再把此数据推到锁存器中锁存，最后一步就是锁存器的数据再送到输出端子上去。在一个周期中锁存器中的数据是不会变的。

知识点二　TIA 博途软件使用入门
（配套视频6、项目二任务二——博途软件）

博途软件

TIA 博途是全集成自动化软件 TIA Portal 的简称，是西门子工业自动化集团发布的一款全新的、全集成自动化软件。它是业内首个采用统一的工程组态和软件项目环境的自动化软件，几乎适用于所有自动化任务，借助该工程技术软件平台，用户能够快速、直观地开发和调试自动化系统。

SIMATIC STEP 7 是基于 TIA 博途平台的全新工程组态软件，支持 SIMATIC S7 – 1500、

SIMATIC S7-1200、SIMATIC S7-300 和 SIMATIC S7-400 控制器，同时也支持基于 PC 的 SIMATIC WinAC 自动化系统。SIMATIC STEP 7 具有可灵活扩展的软件工程组态能力和性能，能够满足自动化系统的各种要求。这种可扩展性的优点表现为可将 SIMATIC 控制器和人机界面设备的已有组态传输到新的软件项目中，使软件移植任务所需的时间和成本显著减少。

讨论题1：安装 TIA Portal（博途）V15 对计算机的要求有哪些？

博途的每个软件都可以单独运行，需要哪个安装哪个。建议安装顺序为 STEP 7 Professional、S7-PLCSIM、Wincc Professional、Startdrive、STEP 7 Satety Advanced。

任何一款博途平台上的软件运行时都要求许可证秘钥，需要提前安装授权管理器。

1. TIA Portal 编程软件界面

西门子的 TIA 博途软件在自动化项目中可以使用两种不同的视图——Portal 视图或者项目视图。Portal 视图是面向任务的视图，而项目视图是项目各组件的视图。

1）Portal 视图

Portal 视图可以快速确定要执行的操作或任务。当双击 TIA 博途图标后，可以打开 Portal 视图，界面中包括的区域如图 2-12 所示。

在任务选项中选择不同的操作，操作区将显示不同的内容，对应的操作选择区也将显示不同的选项。可以通过左下方的视图切换按钮在 Portal 视图与项目视图间切换。

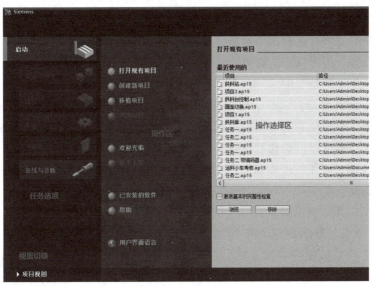

图 2-12 Portal 视图

项目二 三相异步电动机的连续运转控制

2) 项目视图

项目视图是项目所有组件的结构化视图，界面中主要包括的区域如图2-13所示。

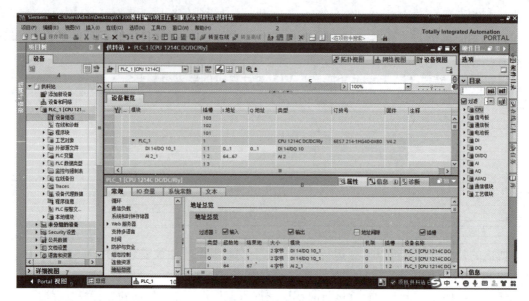

图2-13 项目视图

(1) 标题栏。标题栏显示项目名称、存储路径，可以对项目进行操作。

(2) 菜单栏。菜单栏包含工作所需的全部命令。

(3) 工具栏。工具栏提供了常用命令的按钮，如上传、下载等功能。通过工具栏图标可以更快地操作命令。

(4) 项目树。在项目树中可以添加新组件，访问所有组件和项目数据，修改现有组件的属性。

(5) 工作区。工作区内显示打开的对象。在工作区中可以打开若干个对象，但通常每次在工作区中只能看到其中一个对象。在编辑器栏中，所有其他对象均显示为选项卡。如果在执行某些任务时要同时查看两个对象，如两个窗口间对象的复制，则可以水平方式或者垂直方式平铺工作区，也可以点击需要同时查看的工作区窗口右上方的浮动按钮。如果没有打开任何对象，则工作区是空的。

(6) 任务卡。在屏幕右侧的条形栏中可以找到可用的任务卡，并可以随时折叠和重新打开这些任务卡。哪些任务卡可用取决于所安装的软件产品。比较复杂的任务卡会划分为多个窗格，这些窗格也可以折叠和重新打开。

(7) 详细视图。详细视图中将显示总览窗口或项目树中所选对象的特定内容，其中可以包含文本列表或变量。

(8) 巡视窗口。巡视窗口具有三个选项卡：属性、信息和诊断。

"属性"选项卡：显示所选对象的属性，可以查看对象属性或者更改可编辑的对象属性。例如，修改CPU的硬件参数，更改变量类型等操作。

"信息"选项卡：显示所选对象的附加信息，如交叉引用、语法信息等内容以及执行操作（如编译）时发出的报警。

"诊断"选项卡：提供有关系统诊断事件、已组态消息事件、CPU 状态以及连接诊断的信息。

（9）切换按钮。点击切换按钮，可在项目视图和 Portal 视图间切换。

（10）编辑器栏。编辑器栏显示已打开的编辑器。如果已打开多个编辑器，可以使用编辑器栏在打开的对象之间进行快速切换。

（11）状态栏。状态栏显示正在后台运行任务的进度，将鼠标指针放置在进度条上，将显示正在后台运行任务的其他信息。单击进度条边上的按钮，可以取消后台正在运行的任务。如果没有后台任务，状态栏可以显示最新的错误信息。

3）项目树介绍

项目视图左侧项目树界面主要包括的区域如图 2 – 14 所示。

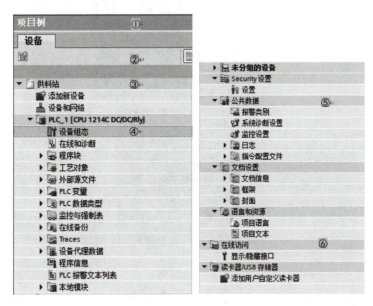

图 2 – 14　项目树界面

（1）标题栏。项目树的标题栏有两个按钮，可以实现自动和手动折叠项目树。

（2）工具栏。可以在项目树的工具栏中执行以下任务：创建新的用户文件夹、针对链接对象进行向前或者向后浏览、在工作区中显示所选对象的总览。

（3）项目。此文件夹中，将找到与项目相关的所有对象和操作，如设备、公共数据、语言和资源、在线访问、读卡器等。

（4）设备。项目中的每个设备都有一个单独的文件夹，该设备的对象在此文件夹中，如程序、硬件组态和变量等信息。

（5）公共数据。此文件夹包含可跨多个设备使用的数据，如公用消息、脚本和文本列表。

（6）在线访问。该文件夹包含了 PG/PC 的所有接口，包括未使用的接口。

2. 项目的创建与管理

完成 TIA 博途软件安装后，可以按照表 2 – 1 所示操作流程进行项目的创建与管理。本项目默认网络连接为工业以太网。PLC 的 IP 地址：192.168.0.1。

表 2－1 建立新项目操作流程

步序	操作	说明
1	双击桌面 TIA 博途软件图标	打开编程软件
2	单击"创建新项目",输入项目名称,选择存储路径,单击"创建"按钮	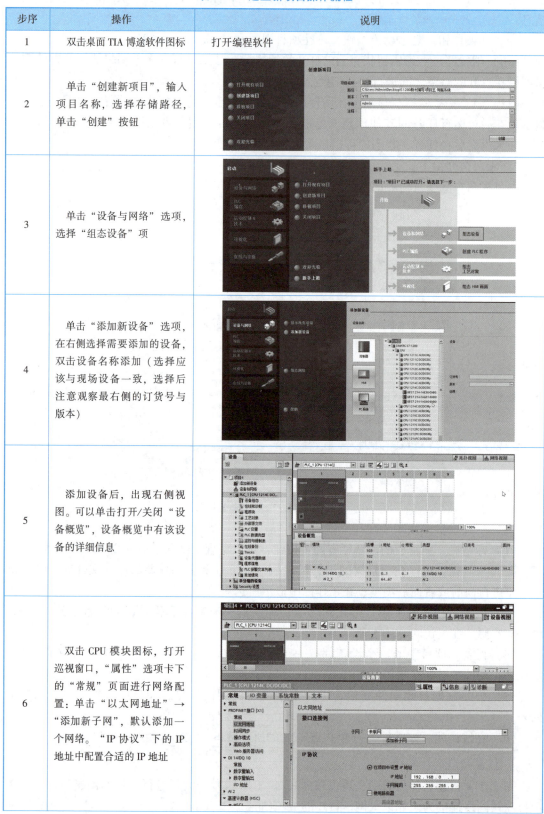
3	单击"设备与网络"选项,选择"组态设备"项	
4	单击"添加新设备"选项,在右侧选择需要添加的设备,双击设备名称添加（选择应该与现场设备一致,选择后注意观察最右侧的订货号与版本）	
5	添加设备后,出现右侧视图。可以单击打开/关闭"设备概览",设备概览中有该设备的详细信息	
6	双击 CPU 模块图标,打开巡视窗口,"属性"选项卡下的"常规"页面进行网络配置:单击"以太网地址"→"添加新子网",默认添加一个网络。"IP 协议"下的 IP 地址中配置合适的 IP 地址	

续表

步序	操作	说明
7	设置完毕，保存项目	项目保存后，依然可以修改后再保存
8	打开项目操作：可以用多种方式打开一个已经保存的项目，如右图。可以使用"浏览"按钮选择存储在其他路径下的文件	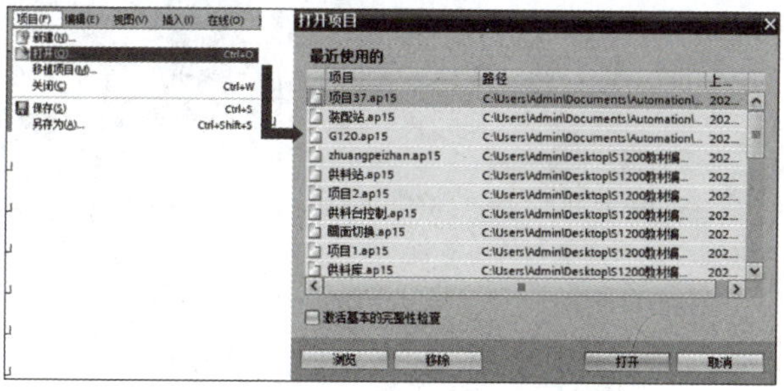
9	归档项目：归档项目是对西门子项目的压缩。需要使用"恢复…"再次打开归档项目	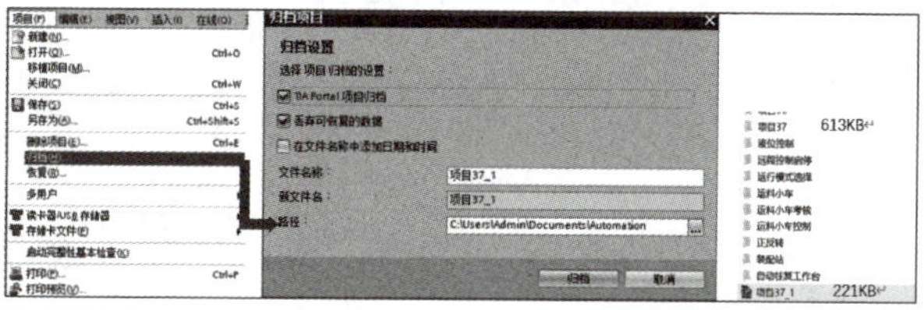

3. PLC 项目的下载与上传

将 TIA 博途 STEP 7 软件编辑好的西门子 PLC 项目传送到物理 PLC 中的过程，称为项目下载。反之，可以通过项目上传将物理 PLC 中保存的项目传送到电脑中。

TIA 博途 STEP 7 软件支持不同部分的单独下载，如硬件组态下载、程序下载或站点下载，执行过程相同。PLC 项目下载与上传的步骤如表 2-2 所示。

表 2-2　PLC 项目下载与上传步骤

步序	操作	说明
1	确定要下载的内容	硬件组态下载：硬件组态界面，单击 CPU 程序下载：打开程序块 站点下载：项目树选择站点
2	单击红色框中的"下载"按钮，或通过快捷键拉出屏幕菜单，选择下载，打开下载界面	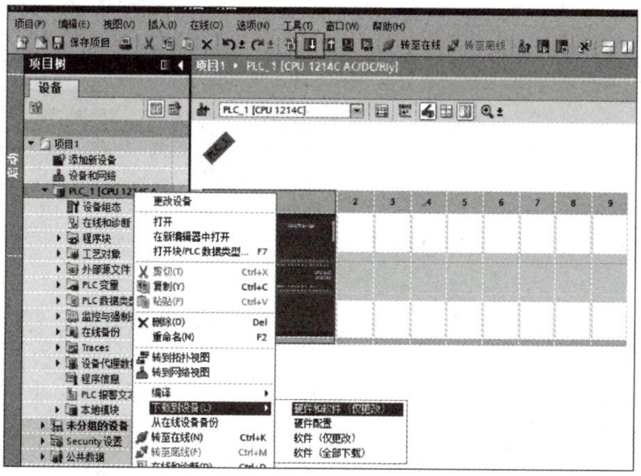

续表

步序	操作	说明
3	①根据实际情况配置网络接口类型，选择"PG/PC 接口"； ②选择搜索条件； ③单击"开始搜索"按钮，列表显示搜索到的所有满足条件的设备； ④选择要下载到的设备，勾选"闪烁 LED"，对应的物理设备上会闪灯，从而确定目标设备与实际设备的对应关系； ⑤开始执行下载	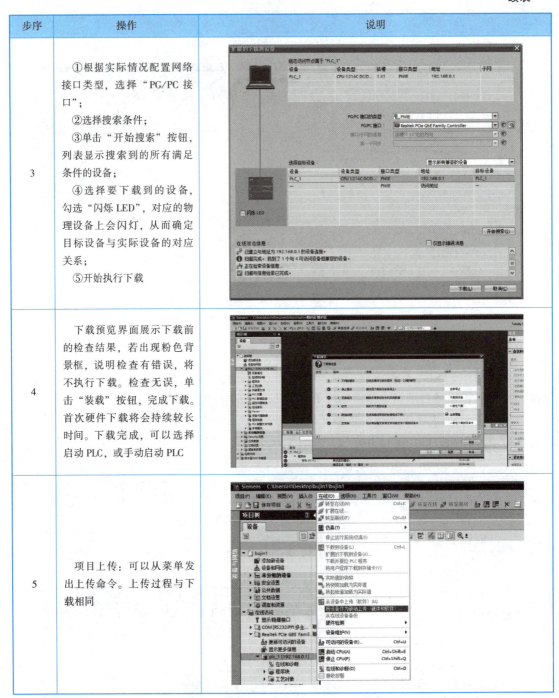
4	下载预览界面展示下载前的检查结果，若出现粉色背景框，说明检查有错误，将不执行下载。检查无误，单击"装载"按钮，完成下载。首次硬件下载将会持续较长时间。下载完成，可以选择启动 PLC，或手动启动 PLC	
5	项目上传：可以从菜单发出上传命令。上传过程与下载相同	

知识点三　TIA 博途软件的应用——一个简单的启保停电路

设计用 PLC 控制三相电动机连续运转，控制要求为当接通三相电源时，电动机 M 不运转；按下启动按钮 SB1 后，电动机 M 连续运转；松开启动按钮 SB1 后，电动机 M 保持运转；按下停止按钮 SB2 后，电动机 M 停止运转；热继电器作为过载保护，FR 常闭触点动作,电动机立即停止。

1. 输入/输出分析

根据控制要求进行分析,可得系统为开关量控制系统。输入共有两个开关量控制信号,即启动按钮、停止按钮。输出有一个开关量控制信号,即 KM 线圈。采用西门子 S7 – 1200 PLC 的 CPU1214C AC/DC/RLY。

列出 PLC 的 I/O 分配表,如表 2 – 3 所示。

表 2 – 3　电动机连续运转控制 I/O 分配表

元件	地址
启动按钮 SB1	I0.0
停止按钮 SB2	I0.1
接触器 KM	Q0.0

2. 绘制 PLC 的 I/O 接口硬件接线图及硬件连接

根据列出的 I/O 分配表,绘制 I/O 接口硬件接线图。图 2 – 15 所示为电动机连续运转控制 I/O 接线图。项目实施过程中,按照此接线图连接硬件。

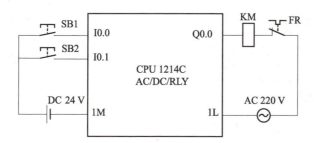

图 2 – 15　电动机连续运转控制 I/O 接线图

3. 在 TIA 博途软件中设计梯形图程序并调试运行

1) 创建新项目

首先在如图 2 – 16 所示的起始视图中单击 "创建新项目" 选项,输入项目名称,选择存储路径,单击 "创建" 按钮。

图 2 – 16　创建新项目

2) 组态设备

进入 "新手上路" 界面,进行设备组态。如图 2 – 17 所示,单击 "组态设备" 选项,进入"添加新设备"视图,如图 2-18 所示,单击"添加新设备"选项,在右侧选择需要添加的设备,双击设备名称添加,注意选择应该与现场设备一致,选择后注意观察最右侧的订货号与版本。

图 2-17 组态设备

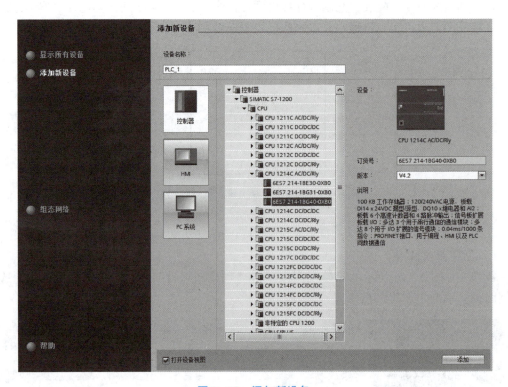

图 2-18 添加新设备

本例选择 SIMATIC S7-1200,并依次单击 PLC 的 CPU 类型,单击"确定"按钮后,就会出现如图 2-19 所示的完整设备视图。可以单击"设备概览"选项,查看该设备的详细信息。

3)定义设备属性,完成硬件配置

在选择完 PLC 的 CPU 类型后,可以根据需要对硬件进行配置。还可以添加和定义其他扩展模块及网络等重要信息。

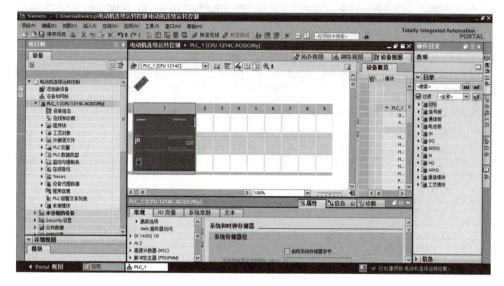

图 2-19 完整设备视图

4）网络配置

如图 2-20 所示，在组态 CPU 的属性时，组态 PROFINET 接口的 IP 地址。在 PROFI-NET 网络中，制造商会为每个设备分配唯一的"介质访问控制"地址（MAC 地址）以进行标识。每个设备也都必须具有一个 IP 地址。

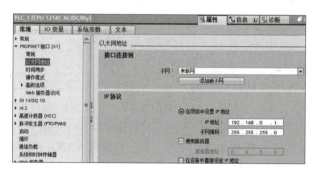

图 2-20 网络配置

5）定义变量

用户创建 PLC 的变量后，TIA 博途软件将变量存储在变量表中。项目中的所有编辑器（如程序编辑器、设备编辑器、可视化编辑器及监视表格编辑器）均可访问该变量表。如图 2-21 所示，在项目树中单击"PLC 变量"就可以创建任务中所用到的变量。本例中具体使用了三个变量，分别为"启动按钮 SB1""停止按钮 SB2""接触器 KM"，如图 2-21 所示。注意，这里采用的默认数据类型为 Bool，即布尔量。

6）梯形图编程

TIA 博途软件提供了包含各种程序指令的指令窗口，包括基本指令、扩展指令、通信及工艺。同时，这些指令按功能分组，如常规、位逻辑运算、定时器操作等。

如果用户要创建程序，则只需将指令从任务卡中拖动到程序段即可。TIA 博途软件的指

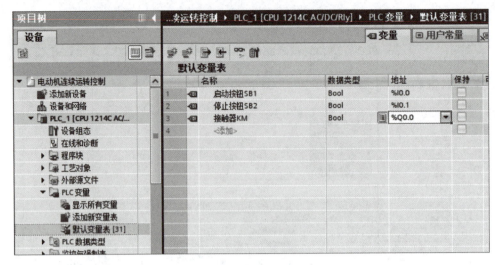

图 2-21 定义变量

令编辑具有可选择性。例如，单击功能框指令黄色角以显示指令的下拉列表，如常开、常闭、P 触点（上升沿）、N 触点（下降沿），向下滚动列表并选择所需指令。在选择完具体的指令后，必须输入具体的变量名，最基本的方法是双击第一个常开触点上方的默认地址 <??.?>，直接输入固定地址变量"I0.1"。

除使用固定地址外，还可以使用变量表中定义的变量，用户可以快速输入对应触点和线圈地址的 PLC 变量，具体步骤如下：

(1) 双击第一个常开触点上方的默认地址 <??.?>。
(2) 单击地址右侧的选择器图标，打开变量表中的变量。
(3) 从下拉列表中为最后一个触点选择"停止按钮%I0.1"。

需要注意的是，TIA 博途软件默认的是 IEC 61131-3 标准。其地址用特殊字母序列来指示，字母序列的起始用"%"，跟随一个范围前缀和一个数据前缀（数据类型）表示数据长度，最后用数字序列表示存储器的位置。其中，范围前缀有 I（输入）、Q（输出）、M（标志，内部存储器范围）；长度前缀有 X（位）、B（字节，8 位）、W（字，16 位）、D（双字，32 位）。

根据以上要求完成程序的编制，如图 2-22 所示。

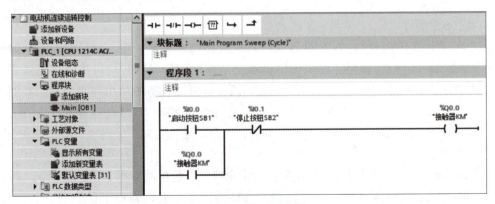

图 2-22 梯形图编程

讨论题 2：分析图 2-22 所示的梯形图程序，说明它是如何实现电动机连续运转控制的。

7) 编译与下载

在编辑阶段只是完成了基本编辑语法的输入验证，如果需要实现程序的可行性，还必须执行"编译"命令。一般情况下，用户可以直接选择下载命令，TIA 博途软件会自动执行编译命令。当然，也可以单独选择编译命令，在 TIA 博途软件的"编辑"菜单中选择"编译"命令，或者使用快捷键"Ctrl"+"B"，就可获得整个程序的编译信息。

在编译完成后，就可以下载西门子 S7-1200 PLC 的硬件配置和梯形图程序了。下载时可以选择两个命令，即"下载到设备"或"扩展的下载到设备"。这两种下载方式在第一次使用时会出现如图 2-23 所示的以太网联网示意图，不仅可以看到程序中的 PLC 地址及用于 PC 连接的 PG/PC 接口情况，还可以看到目标子网中的所有设备。

图 2-23 "扩展的下载到设备"页面

8) PLC 在线与程序调试

在下载 PLC 的程序与配置后，就可以将 PLC 切换到运行状态，在需要进一步调试时或者需要详细了解 PLC 的实际运行情况时，就要进入"PLC 在线和程序调试"阶段。

首先选择"转至在线"选项，转到在线后，项目树就会显示黄色的图符，其动画过程就表示在线状态。这时可以从项目树的各个选项后面了解各自的情况，出现绿色的图号表示正常，如图 2-24 所示。

单击"启用/禁用监视"选项可看到最新的监视值，实线表示接通，虚线表示断开，如图 2-24 所示。在项目树中选择"在线访问"即可看到诊断状态、循环时间、存储器、分配 IP 地址等各种信息。

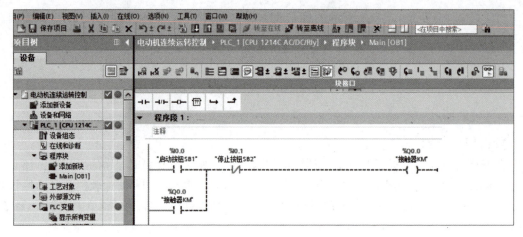

图 2-24　PLC 在线与程序调试

任务工单

任务工单

任务名称	电动机连续运转 PLC 控制系统设计		指导老师	
姓名、学号			班级	
组别			组长	
组员姓名				
任务要求	传送带的运转由电动机拖动，无论在什么位置按下启动按钮，电动机必须启动并自动进入稳定运行；一旦停止按钮被按下，电动机应自动停止。要求应用 PLC 实现电动机连续运转控制			
材料清单				
资讯与参考				
决策与方案				
实施步骤与过程记录				
检查与评价	自我检查记录			
	结果记录			
文档清单	列写本任务完成过程中涉及的所有文档，并提供纸质或电子文档			
	序号	文档名称	电子文档存储路径	完成时间	负责人

（1）根据任务要求，对 PLC 的输入量、输出量进行分配，列出 I/O 分配表，明确线路使用了哪些电气元件？

（2）根据任务要求绘制电动机连续运转的主电路及 PLC 硬件接线图。

（3）进行线路安装，根据所画的硬件接线图进行 PLC 硬件接线，简述接线要点。

链接提示：

接线要求美观、紧固、无毛刺，导线要进入线槽。走线应做到横平竖直、拐直角弯。进出线槽的导线要套上写好线号的线号管。

（4）在 TIA 博途软件中创建一个工程项目，并命名为"电动机的正反转运行控制"。根据要求，编写梯形图程序。

（5）下载程序并运行，分析程序的运行过程。

任务评价

1. 小组互评

小组互评任务验收单

任务名称	电动机连续运转 PLC 控制系统设计	验收结论	
验收负责人		验收时间	
验收成员			
任务要求	传送带的运转由电动机拖动,无论在什么位置按下启动按钮,电动机必须启动并自动进入稳定运行;一旦停止按钮被按下,电动机应自动停止。要求应用 PLC 实现电动机连续运转控制		
实施方案确认			
文档接收清单	接收本任务完成过程中涉及的所有文档		
	序号	文档名称	接收人	接收时间

配分表

考核内容	评分标准	配分	得分
I/O 分配表	I/O 分配正确。一处错误扣 5 分	10 分	
绘制主电路图和 PLC 硬件接线图	能够正确绘制电动机连续运转控制主电路图。一处错误扣 5 分; 能够正确绘制电动机连续运转 PLC 硬件接线图。一处错误扣 5 分	20 分	
硬件接线	输入信号接线(10 分,一处错误扣 5 分); 输出信号接线(10 分,一处错误扣 5 分)	10 分	
熟练使用软件调试	组态设备(10 分,组态错误不得分); 程序编译正确(10 分,一处错误扣 5 分); 下载到 PLC(10 分,无法下载不得分)	30 分	
运行情况	运行正确(25 分); 需指导(一次错误扣 5 分)	25 分	
安全规范操作	如有带电接线操作,一次扣 5 分; 损坏元器件,一次扣 2 分; 工作台面保持干净整洁,所用工具摆放整齐有序,否则扣 5 分	5 分	
效果评价			

2. 教师评价

教师评价任务验收单

任务名称	电动机连续运转 PLC 控制系统设计		验收结论	
验收教师			验收时间	
任务要求	传送带的运转由电动机拖动，无论在什么位置按下启动按钮，电动机必须启动并自动进入稳定运行；一旦停止按钮被按下，电动机应自动停止。要求应用 PLC 实现电动机连续运转控制			
实施方案确认					

文档接收清单：接收本任务完成过程中涉及的所有文档

序号	文档名称	接收人	接收时间

配分表

考核内容	评分标准	配分	得分
I/O 分配表	I/O 分配正确。一处错误扣 5 分	10 分	
绘制主电路图和 PLC 硬件接线图	能够正确绘制电动机连续运转控制主电路图。一处错误扣 5 分； 能够正确绘制电动机连续运转 PLC 硬件接线图。一处错误扣 5 分	20 分	
硬件接线	输入信号接线（10 分，一处错误扣 5 分）； 输出信号接线（10 分，一处错误扣 5 分）	10 分	
熟练使用软件调试	组态设备（10 分，组态错误不得分）； 程序编译正确（10 分，一处错误扣 5 分）； 下载到 PLC（10 分，无法下载不得分）	30 分	
运行情况	运行正确（25 分）； 需指导（一次错误扣 5 分）	25 分	
安全规范操作	如有带电接线操作，一次扣 5 分； 损坏元器件，一次扣 2 分； 工作台面保持干净整洁，所用工具摆放整齐有序，否则扣 5 分	5 分	

效果评价	

任务总结

（1）电动机连续运转 PLC 控制是否运行成功？遇到了哪些问题？是如何解决的？

（2）电动机连续运转电气控制和 PLC 控制相比，有什么区别和联系？

（3）总结 PLC 控制系统设计与调试步骤。

思考与练习

（1）启保停电路是如何实现自锁的？

（2）根据题目要求进行程序设计。

如图 2-25 所示，要求实现异地控制：在甲地按下启动按钮 SB1，传送带正转，且运行指示灯亮；在甲地按下停止按钮 SB2，传送带停止，运行指示灯灭。

在乙地按下启动按钮 SB3，传送带正转，且运行指示灯亮；在乙地按下停止按钮 SB4，传送带停止，运行指示灯灭。

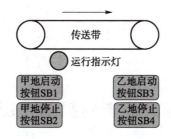

图 2-25 异地控制示意图

（3）练习 TIA 博途软件的使用。
要求：
①建立一个名称为"饮料灌装车间"的新项目，存储在"D/PLC"程序文件夹中；
②根据表 2-4 的要求进行硬件组态；
③配置 PROFINET 的 IP 地址为 192.168.0.2。
简述完成步骤。

表 2-4 硬件组态

模块	模块标识	订货号	描述
主机模块	CPU1214C AC/DC/RLY	6ES7 214-1BG31-0XB0	—
扩展模块1	SM1223	6ES7 223-1PH32-0XB0	数字量扩展
扩展模块2	SM1234	6ES7 224-4HE32-0XB0	模拟量扩展

项目三　三相异步电动机的正反转运转控制

项目说明

在生产设备中，很多运动部件需要两个相反的运动方向，如机床设备中做往返运动的工作台或刀具拖板等，这就要求电动机能实现正反两个方向的转动。

对项目进行任务分解：首先，识读电动机正反转线路原理图，明确线路所用电气元件及其作用，熟悉线路的工作原理；其次，设计电气安装接线图，根据图纸进行元器件布局与安装，按照规范接线与走线，根据电路图自查布线的正确性、合理性及元件安装的牢固性，检查无误后通电试运行；然后，针对故障现象判断原因、调整接线直至排除故障；最后，将电气控制线路进行PLC改造并调试。整个实施过程中涉及电气图识读、元器件分析、安装调试、排故、PLC编程、工具使用、现场5S管理等方面的内容。

任务一　电动机正反转运转电气控制

学习目标

（1）掌握三相异步电动机正反转控制线路的工作原理。
（2）掌握三相异步电动机正反转控制线路的保护方法。
（3）能够识读、绘制三相异步电动机正反转控制线路原理图和接线图。
（4）掌握三相异步电动机正反转控制的应用。
（5）强化团队协作：互相帮助、共同学习、共同达成目标。

任务描述

如图3-1所示，自动化生产线传送带由三相异步电动机拖动可以左行和右行。当需要传送带右行时，按下"右行按钮"，电动机正转使传送带右行，按下"停止按钮"时电动机停转使传送带停止运行。当需要传送带左行时，按下"左行按钮"，电动机反转使传送带左行，按下"停止按钮"时传送带停止运行。

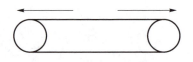

图3-1　传送带运行示意图

 **任务引导**

引导问题1：如何实现电动机的连续正向运转？

引导问题2：如果传送带正处于右行运行中，误碰了"左行按钮"，会发生什么情况？如何避免这样的情况发生？

引导问题3：三相异步电动机的结构与原理决定了电动机在正转时不可能马上实现反转，必须停车之后方能开始反转，故总结三相异步电动机正反转控制要求应该是什么？

引导问题4：电动机的正反转控制除了可以应用在传送带的控制中，还可以应用于哪些方面？

 知识链接

知识点一　电动机正反转运转电气控制线路

在三相电源中，各相电压经过同一值（最大值或最小值）的先后次序称为三相电源的相序。如果各相电压的次序为 L1 – L2 – L3（或 L2 – L3 – L1，L3 – L1 – L2），则这种相序为正序或顺序。如果各相电压经过同一值的先后次序为 L1 – L3 – L2（或 L3 – L2 – L1，L2 – L1 – L3），则这种相序称为负序或逆序。

如图 3 – 2 所示，将三相电源进线（L1、L2、L3）依次与电动机的三相绕组首端（U、V、W）相连，就可以使电动机获得正序交流电而正向旋转；只要将三相电源进线中的两根导线对调，就可以改变电动机的通电相序，使电动机获得反序交流电而反向旋转。

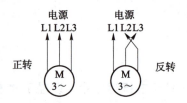

图 3 – 2　电动机正转与反转相序调相

知识点二　接触器互锁的电动机正反转电气控制线路

图 3 – 3 所示为接触器互锁的正反转控制线路。图中采用了两个接触器，即一个正转接触器 KM1 和一个反转接触器 KM2，它们分别由正转启动控制按钮 SB1 和反转启动控制按钮 SB2 控制。从主电路中可以看出，这两个接触器的主触点所接通的电源相序不同：KM1 按 L1→L2→L3 的相序（正序）接线；KM2 则对调了 L1 与 L3 两相的相序，按 L3→L2→L1 相序（逆序）接线。

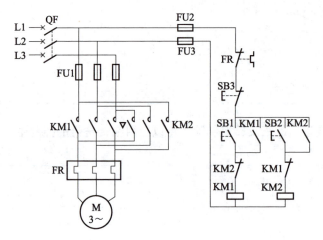

图 3 – 3　接触器互锁的正反转控制线路

相应的控制线路有两条：一条是由按钮 SB1 和接触器 KM1 等组成的正转控制电路；另一条是由按钮 SB2 和接触器 KM2 等组成的反转控制电路。

正转接触器 KM1 和反转接触 KM2 不能同时得电动作，否则将造成电源短路，在正转控制线路中串接了反转接触器 KM2 的常闭辅助触点，而在反转控制线路中串接了正转接触器 KM1 的常闭辅助触点。这样当 KM1 得电动作时，串接在反转控制线路中的 KM1 的常闭触点断开，切断了反转控制线路，保证了正转接触器 KM1 主触点闭合时，反转接触器 KM2 的主触点不能闭合。同样，当 KM2 得电时，串接在正转控制线路中的 KM2 常闭辅助触点断开，切断了正转控制线路，从而避免了两相电源短路事故的发生。上述这种在一个接触器得电动作时，通过其常闭辅助触点使另一个接触器不能得电动作的作用叫互锁。

启动时，闭合低压断路器 QF 后，当按下正向启动按钮 SB1 时，交流接触器 KM1 线圈得电，其主触点闭合，为电动机引入三相正向电源，电动机正向启动，KM1 辅助常开触点闭合实现自锁，同时其辅助常闭触点断开实现互锁。当需要反转时，按下反向启动按钮 SB2，KM2 线圈得电，KM2 主触点闭合，为电动机引入三相反向电源，电动机反向启动，同样 KM2 辅助常开触点闭合，实现自锁，同时其辅助常闭触点断开实现互锁。无论电动机处于正转或反转状态，按下停止按钮 SB3 时，电动机将停止运行。

知识点三　按钮、接触器双重互锁的电动机正反转电气控制线路

从以上分析可见，接触器互锁的正反转控制线路，由电动机从正转变为反转时，必须按下停止按钮 SB3 后才能按反转启动按钮，否则由于接触器的联锁作用，不能实现反转。为克服此线路的不足，可采用按钮与接触器双重互锁的正反转控制线路。

将图 3-3 中所示的正转按钮 SB1 和反转按钮 SB2 换成两个复合按钮，并使复合按钮的常闭触点代替接触器的常闭联锁触点，就构成了如图 3-4 所示的按钮联锁的正反转控制线路。这种控制线路的工作原理与接触器联锁的正反转控制线路基本相同，只是当电动机从正转变为反转时，直接按下反转按钮 SB2 即可实现，不必先按停止按钮 SB3。

因为当按下反转按钮 SB2 时，串接在正转控制电路中 SB2 的常闭触点先分断，使正转接触器 KM1 线圈失电，KM1 的主触点和自锁触点分断，电动机 M 失电惯性运转。SB2 的常闭触点分断后，其常开触点才随后闭合，接通反转控制电路，电动机 M 便反转。这样既保证了 KM1 和 KM2 的线圈不会同时通电，又可不按停止按钮而直接按反转按钮实现反转。同样，若使电动机从反转运行变为正转运行，也只要直接按正转按钮 SB1 即可。

按钮、接触器双重互锁的控制线路是在按钮联锁的基础上，又增加了接触器联锁，故兼有两种联锁控制线路的优点，使线路操作方便，工作安全、可靠。在机械设备的控制中被广泛采用。

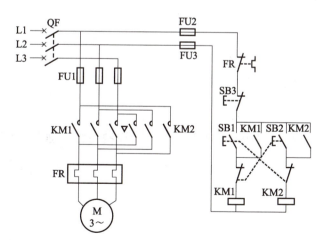

图 3-4　按钮、接触器双重互锁的电动机正反转电气控制线路

任务工单

任务工单

任务名称	电动机正反转运转电气控制	指导老师	
姓名、学号		班级	
组别		组长	
组员姓名			
任务要求	自动化生产线传送带由三相异步电动机拖动可以左行和右行。当需要传送带右行时,按下"右行按钮",电动机正转使传送带右行,按下"停止按钮"时电动机停转使传送带停止运行。当需要传送带左行时,按下"左行按钮",电动机反转使传送带左行,按下"停止按钮"时传送带停止运行。请根据任务要求设计电气控制原理图、接线图,并完成通电运行		
材料清单			
资讯与参考			
决策与方案			
实施步骤与过程记录			
检查与评价	自我检查记录		
	结果记录		

文档清单	列写本任务完成过程中涉及的所有文档,并提供纸质或电子文档					
	序号	文档名称	电子文档存储路径	完成时间	负责人	

任务实施

(1)绘制电动机按钮、接触器双重互锁正反转控制线路原理图,明确线路使用了哪些电气元件。

（2）简述电动机按钮、接触器双重互锁控制线路的工作原理。

（3）根据场地要求，绘制电动机按钮、接触器双重互锁正反转控制线路电气安装接线图。

（4）线路安装，简述安装要点。
链接提示：
①接线一般从电源端开始按线号顺序连接，先接主电路，后接辅助电路。
②接线要求美观、紧固、无毛刺，导线要进入线槽。走线应做到横平竖直、拐直角弯。进出线槽的导线要套上写好线号的线号管。

（5）检查线路和试运行，简述试运行步骤。
链接提示：
①根据电路图自查布线的正确性、合理性、可靠性及元件安装的牢固性。
②检查无误后经教师同意再通电试运行。

③试运行出现故障时必须断电检修。小组之间可相互交换检修。

（6）设置故障并检修，由本组成员设置故障，由其他组成员检修。简述检修步骤。

链接提示：低压电器故障诊断。

低压电器控制线路中按钮、熔断器、断路器、接触器、时间继电器、热继电器等元件在运行时会出现故障，这就要进行故障原因的诊断和分析。

①低压断路器故障诊断。

a. 低压断路器故障触点过热。该故障可能是动触点松动引起的触点过热，可调整操作机构，使动触点完全插入静触点。

b. 断路器触点断相。由于某相触点接触不好或接线端子上螺钉松动，使电动机缺相运行，此时电动机虽能转动，但发出"嗡嗡"声，应立即停车检修。

②接触器、继电器故障诊断。交流接触器常见的故障就是线圈通电后，接触器不动作或动作不正常，以及线圈断电后，接触器不释放或延时释放两类。

a. 线圈通电后，接触器不动作或动作不正常，主要故障原因如下：

ⅰ. 线圈线路断路。接线端子有没有断线或松脱现象，如有断线应更换相应导线，如有松脱应紧固相应接线端子。

ⅱ. 线圈损坏。用万用表测线圈的电阻，如电阻为+，则更换线圈。

ⅲ. 线圈额定电压比线路电压高。出现该故障时应换上同等控制线路电压的线圈。

b. 线圈断电后，接触器不释放或延时释放，主要故障原因如下：

ⅰ. 使用的接触器铁芯表面有油或使用一段时间后有油腻。将铁芯表面防锈油脂擦干净，铁芯表面要求平整，但不宜过光，否则易造成延时释放。

ⅱ. 触点抗熔焊性能差，在启动电动机或线路短路时，大电流使触点焊牢而不能释放。

任务评价

1. 小组互评

小组互评任务验收单

任务名称	电动机正反转运转电气控制	验收结论	
验收负责人		验收时间	
验收成员			
任务要求	自动化生产线传送带由三相异步电动机拖动可以左行和右行。当需要传送带右行时,按下"右行按钮",电动机正转使传送带右行,按下"停止按钮"时电动机停转使传送带停止运行。当需要传送带左行时,按下"左行按钮",电动机反转使传送带左行,按下"停止按钮"时传送带停止运行。请根据任务要求设计电气控制原理图、接线图,并完成通电运行		
实施方案确认			
文档接收清单	接收本任务完成过程中涉及的所有文档		

序号	文档名称	接收人	接收时间

配分表

验收评分	评分标准	配分	得分
	能够正确绘制电气原理图及接线图。一处错误扣5分	30分	
	能够正确使用工具和仪表,熟练安装电气元件。一处安装出错或不牢固扣1分,损坏元件扣5分	20分	
	布线要求美观、紧固、实用、无毛刺,端子标识正确。布线不规范扣5分	10分	
	无任何设备故障且保证人身安全的前提下通电运行一次成功。一次试运行不成功扣5分;二次试运行不成功扣10分;三次试运行不成功不给分	30分	
	安全规范操作。如有带电接线操作,一次扣5分;损坏元器件,一次扣2分;工作台面保持干净整洁,所用工具摆放整齐有序,否则扣5分	10分	

效果评价	

2. 教师评价

教师评价任务验收单

任务名称	电动机正反转运转电气控制	验收结论	
验收教师		验收时间	

任务要求	自动化生产线传送带由三相异步电动机拖动可以左行和右行。当需要传送带右行时，按下"右行按钮"，电动机正转使传送带右行，按下"停止按钮"时电动机停转使传送带停止运行。当需要传送带左行时，按下"左行按钮"，电动机反转使传送带左行，按下"停止按钮"时传送带停止运行。请根据任务要求设计电气控制原理图、接线图，并完成通电运行

实施方案确认	

文档接收清单	接收本任务完成过程中涉及的所有文档			
	序号	文档名称	接收人	接收时间

验收评分	配分表		
	评分标准	配分	得分
	能够正确绘制电气原理图及接线图。一处错误扣5分	30分	
	能够正确使用工具和仪表，熟练安装电气元件。一处安装出错或不牢固扣1分，损坏元件扣5分	20分	
	布线要求美观、紧固、实用、无毛刺，端子标识正确。布线不规范扣5分	10分	
	无任何设备故障且保证人身安全的前提下通电运行一次成功。一次试运行不成功扣5分；二次试运行不成功扣10分；三次试运行不成功不给分	30分	
	安全规范操作。如有带电接线操作，一次扣5分；损坏元器件，一次扣2分；工作台面保持干净整洁，所用工具摆放整齐有序，否则扣5分	10分	

效果评价	

任务总结

（1）总结在本次任务中遇到了哪些困难及解决措施。

（2）在设置故障环节设置了哪些故障？是如何检修的？

（3）接触器互锁的正反转控制线路与按钮、接触器双重互锁的正反转控制线路有什么区别和联系？

思考与练习

（1）什么是互锁？互锁和自锁有什么区别？

（2）在生产实践中，机床试运行完毕后，再连续进行切削加工，要求电动机既能实现点动又能实现长动。试设计电气控制原理图。

项目三　三相异步电动机的正反转运转控制

任务二　电动机正反转运转 PLC 控制系统设计

学习目标

（1）掌握 S7-1200 PLC 基本位逻辑指令的使用方法。
（2）掌握置位与复位指令的使用方法。
（3）掌握边沿指令的使用方法。
（4）掌握 PLC 控制系统设计步骤。
（5）做好操作工位的现场 5S 管理。

任务描述

如图 3-5 所示，自动化生产线传送带由三相异步电动机拖动可以左行和右行。当需要传送带右行时，按下"右行按钮"，电动机正转使传送带右行，按下"停止按钮"时电动机停转使传送带停止运行。当需要传送带左行时，按下"左行按钮"，电动机反转使传送带左行，按下"停止按钮"传送带停止运行。

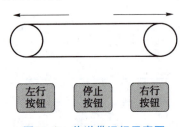

图 3-5　传送带运行示意图

在上一任务中学习了电动机正反转继电器-接触器控制线路的工作原理和结构等相关知识，下面将继续学习如何应用 PLC 实现电动机正反转控制系统的设计。

任务引导

引导问题 1： 电动机正反转继电器-接触器控制线路中是如何实现自锁和互锁的？

引导问题 2：PLC 控制启动 – 保持 – 停止电路程序是如何实现的？

引导问题 3：电动机正反转 PLC 控制可以使用什么方法实现？

知识链接

知识点一　S7 – 1200 PLC 基本位指令应用

（配套视频 7、项目三任务二——PLC 设计步骤）

PLC 设计步骤

位逻辑运算指令包含触点和线圈等基本位指令、置位和复位指令、边沿指令。

应用触点和线圈的基本位指令实现指示灯的控制。

控制要求为按下按钮 SB1，灯 1 亮；按下按钮 SB2，灯 2 亮；按下停止按钮 SB3，两灯都灭；并要求灯 1 亮后灯 2 才能亮（即若先按下按钮 SB2，两灯都不亮）。

1. 输入/输出分析

根据控制要求进行分析，可得系统为开关量控制系统。输入共有三个开关量控制信号，即按钮 SB1、按钮 SB2 和停止按钮 SB3。输出有两个开关量控制信号，即灯 1 和灯 2。采用西门子 S7 – 1200 PLC 的 CPU1214C AC/DC/RLY。

列出 PLC 的 I/O 分配表，如表 3 – 1 所示。

表 3 – 1　指示灯控制 I/O 分配表

元件	地址
按钮 SB1	I0.0
按钮 SB2	I0.1
停止按钮 SB3	I0.2
灯 1	Q0.0
灯 2	Q0.1

2. 绘制 PLC 的 I/O 接口硬件接线图

根据列出的 I/O 分配表，绘制 I/O 接口硬件接线图，如图 3 – 6 所示。

SB1
SB2
SB3
I0.0
I0.1
I0.2
Q0.0
Q0.1
L1
L2
CPU1214C
DC 24 V
1M
1L
DC 24 V

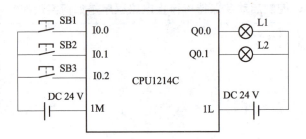

图 3-6　指示灯控制 I/O 接口硬件接线图

3. 设计梯形图程序

图 3-7 所示为指示灯的梯形图程序。

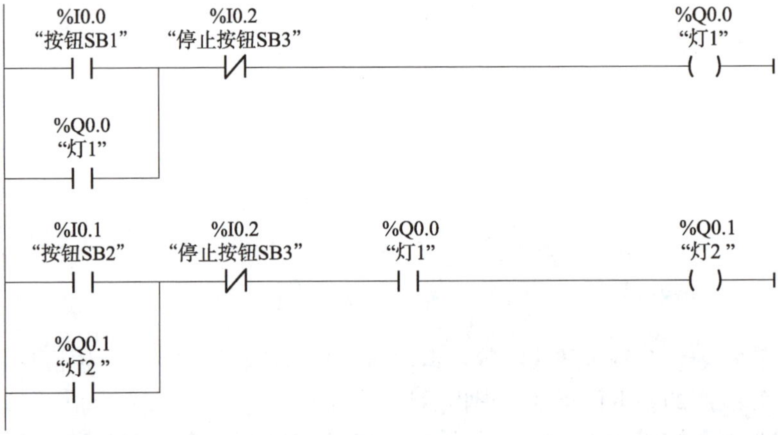

%I0.0
"按钮SB1"
%I0.2
"停止按钮SB3"
%Q0.0
"灯1"
%Q0.0
"灯1"
%I0.1
"按钮SB2"
%I0.2
"停止按钮SB3"
%Q0.0
"灯1"
%Q0.1
"灯2"
%Q0.1
"灯2"

图 3-7　指示灯的梯形图程序

讨论题 1：图 3-7 所示梯形图程序是如何实现灯 1 亮后灯 2 才能亮的？

知识点二　S7-1200 PLC 置位和复位指令

（配套视频 8、项目三任务二——置位和复位指令）

置位和复位指令

1. 置位与复位输出指令

S（Set，置位输出）指令将指定的位操作数置位（变为 1 状态并保持），R（Reset，复位输出）指令将指定的位操作数复位（变为 0 状态并保持）。如果同一操作数的 S 线圈和 R 线圈同时断电，指定操作数的信号状态不变。图 3-8 所示为置位输出与复位输出指令。

置位输出指令与复位输出指令最主要的特点是有记忆和保持功能。如果图 3-8 中 I0.0

的常开触点闭合，Q0.0 变为 1 状态并保持该状态。即使 I0.0 的常开触点断开，Q0.0 也仍然保持 1 状态。I0.1 的常开触点闭合时，Q0.0 变为 0 状态并保持该状态，即使 I0.1 的常开触点断开，Q0.0 也仍然保持为 0 状态。

图 3-8　置位输出与复位输出指令

2. 置位位域与复位位域指令

置位位域指令 SET_BF 将指定地址开始的连续若干个位地址置位（变为 1 状态并保持），在图 3-9 中的 I0.0 常开触点闭合，从 M5.0 开始的 4 个连续位被置位为 1 状态并保持该状态不变。

复位位域指令 RESET_BF 将指定地址开始的连续若干个位地址复位（变为 0 状态并保持）。在图 3-9 中 I0.1 常开触点闭合，从 M5.4 开始的 3 个连续位被复位为 0 状态并保持该状态不变。

图 3-9　置位复位位域指令

3. 置位/复位触发器与复位/置位触发器

SR 方框是置位/复位（复位优先）触发器，其输入/输出关系见表 3-2，两种触发器的区别仅在于表的最下面一行。在置位（S）和复位（R1）信号同时为 1 时，图 3-10 中 SR 方框上的输出位 M7.2 被复位为 0。可选的输出 Q 反映了 M7.2 的状态。

表 3-2　SR 与 RS 触发器的功能

置位/复位（SR）触发器			复位/置位（RS）触发器		
S	R1	输出位	S1	R	输出位
0	0	保持前一状态	0	0	保持前一状态
0	1	0	0	1	0
1	0	1	1	0	1
1	1	0	1	1	1

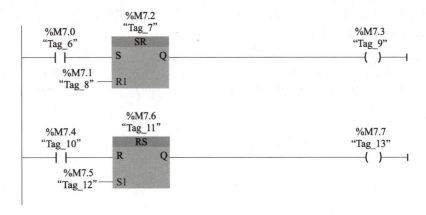

图 3–10　SR 触发器与 RS 触发器

RS 方框是复位/置位（置位优先）触发器，其功能见表 3–2。在置位（S1）和复位（R）信号同时为 1 时，方框上的 M7.6 置位为 1。可选的输出 Q 反映了 M7.6 的状态。

知识点三　S7–1200 PLC 边沿指令

1. 触点边沿指令的使用

触点边沿检测指令包括 P 触点和 N 触点指令，是当触点地址位的值从 0 到 1（上升沿或正边沿，Positive）或从 1 到 0（下降沿或负边沿，Negative）变化时，该触点地址保持一个扫描周期的高电平，即对应常开触点接通一个扫描周期。触点边沿指令可以放置在程序段中除分支结尾外的任何位置。

图 3–11 中，当 I0.1 有从 0 状态到 1 状态的上升沿时，Q1.0 接通一个扫描周期。M4.3 为边沿存储位，用来存储上一次扫描循环时 I1.0 的状态。通过比较 I1.0 前后两次循环的状态来检测信号的边沿。当 M4.4 由 1 状态变为 0 状态的下降沿时，Q1.1 接通一个扫描周期。M4.5 为边沿存储位，用来存储上一次扫描循环时 M4.4 的状态。边沿存储位的地址只能在程序中使用一次。不能用代码块的临时局部数据或 I/O 变量来作边沿存储位。

图 3–11　触点边沿指令

2. 线圈边沿指令的使用

线圈边沿指令包括 P 线圈和 N 线圈,是当进入线圈的能流中检测到上升沿或下降沿变化时,线圈对应的位地址接通一个扫描周期。线圈边沿指令可以放置在程序段中的任何位置。

图 3-12 中,在 I0.6 的上升沿,能流经 P 线圈 Q0.5 接通一个扫描周期,流到 Q1.0 线圈使 Q1.0 接通一个扫描周期。在 I0.7 的下降沿,能流经 N 线圈 Q0.6 接通一个扫描周期,流到 Q0.3 线圈使 Q0.3 接通一个扫描周期。

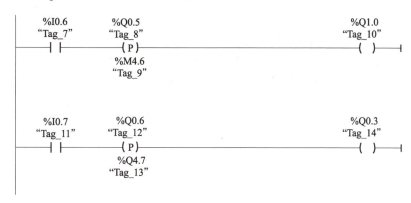

图 3-12 线圈边沿指令

3. TRIG 边沿指令的使用

TRIG 边沿指令包括 P_TRIG 和 N_TRIG,当"CLK"输入端检测到上升沿或下降沿时,输出端接通一个扫描周期。P_TRIG 和 N_TRIG 指令不能放在电路的开始处和结束处。

图 3-13 中,在 I0.2 的上升沿,"CLK"检测到上升沿,使输出 Q1.2 接通一个扫描周期。在 I0.3 的下降沿,"CLK"检测到下降沿,使输出 Q1.3 接通一个扫描周期。

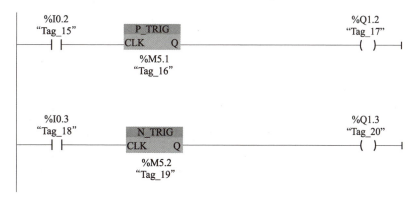

图 3-13 TRIG 边沿指令

任务工单

任务工单

任务名称	电动机正反转运转 PLC 控制系统设计		指导老师	
姓名、学号			班级	
组别			组长	
组员姓名				
任务要求	自动化生产线传送带由三相异步电动机拖动可以左行和右行。当需要传送带右行时,按下"右行按钮",电动机正转使传送带右行,按下"停止按钮"时电动机停转使传送带停止运行。当需要传送带左行时,按下"左行按钮",电动机反转使传送带左行,按下"停止按钮"时传送带停止运行。应用 PLC 实现电动机正反转控制系统的设计			
材料清单				
资讯与参考				
决策与方案				
实施步骤与过程记录				
检查与评价	自我检查记录			
	结果记录			
文档清单	列写本任务完成过程中涉及的所有文档,并提供纸质或电子文档			
	序号	文档名称	电子文档存储路径	完成时间	负责人

任务实施

（1）根据项目分析,对 PLC 的输入量、输出量进行分配,列出 I/O 分配表,明确线路用了哪些电气元件。

（2）根据控制要求及列出的 I/O 分配表，绘制电动机的正反转运行控制 PLC 硬件接线图。

（3）进行线路安装，根据所画的硬件接线图进行 PLC 硬件接线，简述接线要点。

链接提示：

接线要求美观、紧固、无毛刺，导线要进入线槽。走线应做到横平竖直、拐直角弯。进出线槽的导线要套上写好线号的线号管。

（4）在 TIA 博途软件中创建一个工程项目，并命名为"电动机的正反转运转 PLC 控制"。根据要求编写梯形图程序。

（5）下载程序并运行，分析程序的运行过程和结果。

任务评价

1. 小组互评

小组互评任务验收单

任务名称	电动机正反转运转 PLC 控制系统设计	验收结论	
验收负责人		验收时间	
验收成员			
任务要求	自动化生产线传送带由三相异步电动机拖动可以左行和右行。当需要传送带右行时,按下"右行按钮",电动机正转使传送带右行,按下"停止按钮"时电动机停转使传送带停止运行。当需要传送带左行时,按下"左行按钮",电动机反转使传送带左行,按下"停止按钮"时传送带停止运行。应用 PLC 实现电动机正反转控制系统的设计		
实施方案确认			
文档接收清单	接收本任务完成过程中涉及的所有文档		

序号	文档名称	接收人	接收时间

配分表

	考核内容	评分标准	配分	得分
验收评分	I/O 分配表	I/O 分配正确(10 分,错一处扣 5 分)	10 分	
	硬件接线	输入信号接线(10 分,错一处扣 5 分); 输出信号接线(10 分,错一处扣 5 分)	20 分	
	熟练使用软件调试	通信设置(10 分,无法通信不得分); 程序编译正确(10 分,错一处扣 5 分); 下载到 PLC(10 分,无法下载不得分)	30 分	
	运行情况	运行正确(35 分); 需指导(一次错误扣 5 分)	35 分	
	安全规范操作	如有带电接线操作,一次扣 5 分; 损坏元器件,一次扣 2 分; 工作台面保持干净整洁,所用工具摆放整齐有序,否则扣 5 分	5 分	

效果评价	

2. 教师评价

教师评价任务验收单

任务名称	电动机正反转运转 PLC 控制系统设计		验收结论	
验收教师			验收时间	
任务要求	自动化生产线传送带由三相异步电动机拖动可以左行和右行。当需要传送带右行时，按下"右行按钮"，电动机正转使传送带右行，按下"停止按钮"时电动机停转使传送带停止运行。当需要传送带左行时，按下"左行按钮"，电动机反转使传送带左行，按下"停止按钮"时传送带停止运行。应用 PLC 实现电动机正反转控制系统的设计			
实施方案确认				
文档接收清单	接收本任务完成过程中涉及的所有文档			
	序号	文档名称	接收人	接收时间
验收评分	配分表			
	考核内容	评分标准	配分	得分
	I/O 分配表	I/O 分配正确（10 分，错一处扣 5 分）	10 分	
	硬件接线	输入信号接线（10 分，错一处扣 5 分）； 输出信号接线（10 分，错一处扣 5 分）	20 分	
	熟练使用 软件调试	通信设置（10 分，无法通信不得分）； 程序编译正确（10 分，错一处扣 5 分）； 下载到 PLC（10 分，无法下载不得分）	30 分	
	运行情况	运行正确（35 分）； 需指导（一次错误扣 5 分）	35 分	
	安全规范操作	如有带电接线操作，一次扣 5 分； 损坏元器件，一次扣 2 分； 工作台面保持干净整洁，所用工具摆放整齐有序，否则扣 5 分	5 分	
效果评价				

任务总结

(1) 使用什么指令实现电动机正反转运转电气控制？还可以用什么方法实现？

(2) 使用触点–线圈基本位指令与使用置位/复位指令实现电动机正反转控制有什么区别和联系？

(3) 总结在本次任务中遇到了哪些困难及解决措施。

思考与练习

(1) 置位指令与复位指令的特点分别是什么？

（2）使用两种编程方法实现电动机的正反转电气控制。

（3）设计两台电动机顺次启动控制程序，要求一台电动机启动后第二台电动机才能启动；第二台停止后，第一台才能停止。

项目四　三相异步电动机的降压启动控制

项目说明

三相交流异步电动机的直接启动控制线路，虽然结构简单、使用维护方便，但启动电流很大，一般为正常工作电流的 4~7 倍，如果电源容量不大于电动机容量，则启动电流可能会明显地影响同一电网中其他电气设备的正常运行。因此，对于笼型异步电动机，可采用以下几种降压启动控制线路：Y—△（星形—三角形）降压启动、定子串电阻（电抗）降压启动、自耦变压器降压启动等。而对于绕线型异步电动机，还可采用转子串电阻启动或转子串频敏变阻器启动等方式来限制启动电流。

任务一　电动机 Y—△ 降压启动电气控制

学习目标

(1) 掌握时间继电器的基本结构、原理和图形符号。
(2) 能够正确选择、使用时间继电器。
(3) 掌握三相异步电动机的 Y—△ 接线方式。
(4) 掌握电动机 Y—△ 降压启动的工作原理。
(5) 能够识读、设计电动机 Y—△ 降压启动电气控制线路原理图和接线图。

任务描述

为了减小启动电流，对于正常运行时电动机额定电压等于电源线电压，定子绕组为三角形连接方式的三相交流异步电动机，可以在启动时将电动机定子绕组接成星形，待电动机的转速上升到一定值后，再换成三角形连接。这样，电动机启动时每相绕组的工作电压为正常时绕组电压的 $1/\sqrt{3}$，启动电流为三角形直接启动时的 1/3。这就是 Y—△（星形—三角形）降压启动。

引导问题 1：一般笼型异步电动机的接线方式有几种？如何接线？

引导问题 2：电动机 Y—△ 降压启动需要使用哪些电气元件？

引导问题 3：电动机 Y—△ 降压启动和电动机直接启动相比有什么优点？

知识点一　三相异步电动机的接法

一般的笼型异步电动机，接线盒中有 6 根引出线，标有 U1、V1、W1、U2、V2、W2。其中，U1、U2 是第一相绕组的两端，V1、V2 是第二相绕组的两端，W1、W2 是第三相绕组的两端。如果 U1、V1、W1 分别为三相绕组的始端，则 U2、V2、W2 是相应的末端。

这 6 根引出线在接通电源之前，相互间必须正确连接。连接方法有星形（Y）连接和三角形（△）连接两种。通常三相异步电动机的额定功率在 3 kW 以下连接成星形，4 kW 以上连接成三角形。

三相异步电动机的 Y—△ 接法如图 4 – 1 所示。

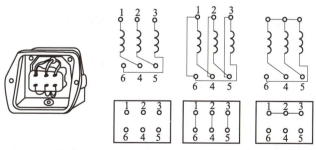

图 4 – 1　三相异步电动机的 Y—△ 接法

项目四　三相异步电动机的降压启动控制

知识点二 时间继电器

时间继电器是一种延时控制继电器，它在得到动作信号后（线圈的通电或断电）并不是立即让触点动作，而是延迟一段时间才让触点动作（触点的闭合或断开）。时间继电器主要用在各种自动控制系统和电动机的启动控制电路中。时间继电器的种类很多，常用的有空气阻尼式、晶体管式、电动式几大类。

1. 时间继电器的原理及符号

时间继电器的延时方式有以下两种：

（1）通电延时：接受输入信号后延迟一定的时间，输出信号才发生变化。当输入信号消失后，输出瞬时复原。

（2）断电延时：接受输入信号时，瞬时产生相应的输出信号。当输入信号消失后，延迟一定的时间，输出才复原。

时间继电器的图形及符号如图 4-2 所示。

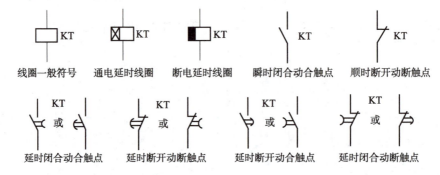

图 4-2 时间继电器的图形及符号

时间继电器的型号参数如图 4-3 所示。

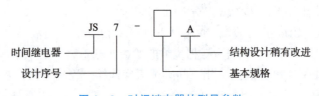

图 4-3 时间继电器的型号参数

2. 空气阻尼式时间继电器

空气阻尼式时间继电器是利用空气阻尼作用而达到延时的目的。它由电磁机构、延时机构和触点组成。

空气阻尼式时间继电器的电磁机构有交流和直流两种。其通过改变电磁机构的位置，将电磁铁翻转 180°安装来实现通电延时和断电延时的转换。空气阻尼式时间继电器结构如图 4-4 所示，触点包括延时触点和瞬时触点。

3. 晶体管时间继电器

晶体管时间继电器也称为半导体时间继电器或电子式时间继电器，其具有机械结构简

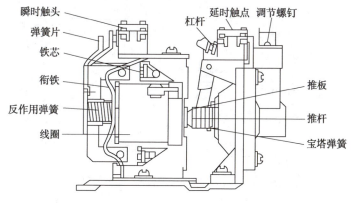

图 4-4 空气阻尼式时间继电器结构

单、延时范围广、精度高、消耗功率小、调整方便及寿命长等优点,随着电子技术的发展,晶体管时间继电器也在迅速发展,现已广泛应用于电力拖动、顺序控制及各种生产过程的自动控制中。

晶体管时间继电器的输出形式有两种:触点式和无触点式,前者是用晶体管驱动小型电磁式继电器,后者是采用晶体管或晶闸管输出。

晶体管时间继电器的外形如图 4-5 所示,其采用电子电路定时,有通电延时和断电延时之分,其符号和空气阻尼式的时间继电器一样。

4. 电动机式时间继电器

电动机式时间继电器由同步电动机、减速齿轮机构、电磁离合系统及执行机构组成,其优点是延时时间长,可达数十小时,延时精度高,但结构复杂、体积较大。

图 4-5 晶体管时间继电器的外形

5. 时间继电器的选用

在选用时间继电器时,一般可遵循以下规则:

(1) 根据受控电路的需要来决定选择时间继电器是通电延时型还是断电延时型。

(2) 根据受控电路的电压来选择时间继电器电磁线圈的电压。

(3) 若对延时精度要求高,则可选择电子式时间继电器或电动机式时间继电器;若对延时精度要求不高,则可选择空气阻尼式时间继电器。

(4) 在电源电压波动大的场合,宜采用非电子式;在温度变化较大的场合,宜采用电子式。总之,选用时除了考虑延时范围、精度等条件外,还要考虑控制系统对可靠性、经济性、工艺安装尺寸等要求。

知识点三 电动机 Y—△降压启动电气控制线路

(配套视频 9、项目四任务一——Y—△线路)

Y—△线路

图 4-6 所示为电动机 Y—△降压启动电气控制线路(三个接触器)。

图中使用了三个接触器 KM1、KM2、KM3 和一个通电延时型的时间继电器 KT,当接触器 KM1、KM3 主触点闭合时,电动机呈星形连接;当接触器 KM1、KM2 主触点闭合时,电动机呈三角形连接。

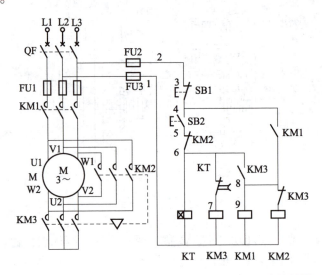

图 4-6　电动机 Y—△ 降压启动电气控制线路（三个接触器）

讨论题 1：分析图 4-6 所示电动机 Y—△ 降压启动电气控制线路的工作原理。

　　电动机 Y—△ 降压启动控制线路并不是唯一的，图 4-7 所示为另一种电动机 Y—△ 降压启动电气控制线路（两个接触器）。它不仅只采用两个接触器 KM1、KM2，而且电动机由星形接法转换为三角形接法是在切断电源的同一时间完成的，即按下按钮 SB2，接触器 KM1 通电，电动机接成星形，经过一段时间后，KM1 瞬时断电，KM2 通电，电动机接成三角形，然后 KM1 再通电，电动机呈三角形全压运行。

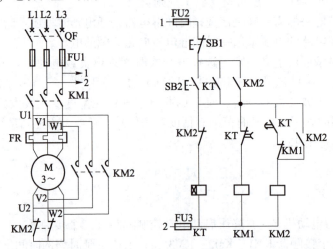

图 4-7　电动机 Y—△ 降压启动电气控制线路（两个接触器）

讨论题2：分析图4-7所示两个接触器的电动机Y—△降压启动电气控制线路的工作原理。

任务工单

任务工单

任务名称	电动机Y—△降压启动电气控制	指导老师	
姓名、学号		班级	
组别		组长	
组员姓名			
任务要求	设计电动机Y—△降压启动电气控制原理图、接线图，并完成通电运行		
材料清单			
资讯与参考			
决策与方案			
实施步骤与过程记录			
检查与评价	自我检查记录		
	结果记录		
文档清单	列写本任务完成过程中涉及的所有文档，并提供纸质或电子文档		

序号	文档名称	电子文档存储路径	完成时间	负责人

项目四 三相异步电动机的降压启动控制

任务实施

（1）绘制电动机 Y—△降压启动电气控制线路原理图，明确线路使用了哪些电气元件。

（2）根据场地要求，绘制电动机 Y—△降压启动电气控制线路电气安装接线图。

（3）进行线路安装，简述安装要点。
链接提示：
①接线一般从电源端开始按线号顺序连接，先接主电路，后接辅助电路。
②接线要求美观、紧固、无毛刺，导线要进入线槽。走线应做到横平竖直、拐直角弯。进出线槽的导线要套上写好线号的线号管。

（4）检查线路和试运行，简述试运行步骤。
链接提示：
①根据电路图自查布线的正确性、合理性、可靠性及元件安装的牢固性。
②检查无误后经教师同意再通电试运行。
③试运行出现故障时必须断电检修。可小组之间相互交换检修。

（5）设置故障并检修，由本组成员设置故障，由其他组成员检修。简述检修步骤。

任务评价

1. 小组互评

小组互评任务验收单

任务名称	电动机 Y—△ 降压启动电气控制	验收结论	
验收负责人		验收时间	
验收成员			
任务要求	设计电动机 Y—△ 降压启动电气控制原理图、接线图,并完成通电运行		
实施方案确认			

文档接收清单	接收本任务完成过程中涉及的所有文档		
	序号	文档名称	接收人	接收时间

验收评分	配分表		
	评分标准	配分	得分
	能够正确绘制电气原理图及接线图。一处错误扣 5 分	30 分	
	能够正确使用工具和仪表,熟练安装电气元件。一处安装出错或不牢固扣 1 分,损坏元件扣 5 分	20 分	
	布线要求美观、紧固、实用、无毛刺,端子标识正确。布线不规范扣 5 分	10 分	
	无任何设备故障且保证人身安全的前提下通电运行一次成功。一次试运行不成功扣 5 分,二次试运行不成功扣 10 分,三次试运行不成功不给分	30 分	
	安全规范操作。如有带电接线操作,一次扣 5 分;损坏元器件,一次扣 2 分;工作台面保持干净整洁,所用工具摆放整齐有序,否则扣 5 分	10 分	

效果评价	

2. 教师评价

教师评价任务验收单

任务名称	电动机 Y—△降压启动电气控制	验收结论	
验收教师		验收时间	
任务要求	设计电动机 Y—△降压启动电气控制原理图、接线图，并完成通电运行		
实施方案确认			
文档接收清单	接收本任务完成过程中涉及的所有文档 序号 | 文档名称 | 接收人 | 接收时间		

配分表

评分标准	配分	得分
能够正确绘制电气原理图及接线图。一处错误扣5分	30分	
能够正确使用工具和仪表，熟练安装电气元件。一处安装出错或不牢固扣1分，损坏元件扣5分	20分	
布线要求美观、紧固、实用、无毛刺，端子标识正确。布线不规范扣5分	10分	
无任何设备故障且保证人身安全的前提下通电运行一次成功。一次试运行不成功扣5分，二次试运行不成功扣10分，三次试运行不成功不给分	30分	
安全规范操作。如有带电接线操作，一次扣5分；损坏元器件，一次扣2分；工作台面保持干净整洁，所用工具摆放整齐有序，否则扣5分	10分	

（验收评分）

效果评价

任务总结

(1) 总结电动机 Y—△ 降压启动电气控制原理。

(2) 电动机 Y—△ 降压启动和电动机直接启动相比有什么区别和联系？

(3) 总结在本次任务中遇到了哪些困难及解决措施。

思考与练习

(1) 什么是电动机 Y—△ 降压启动？为什么要进行电动机 Y—△ 降压启动？

(2) 画出时间继电器的图形符号。

(3) 分别说出通电延时时间继电器和断电延时时间继电器的延时方式是什么。

任务二　电动机 Y—△ 降压启动 PLC 控制系统设计

学习目标

（1）理解 S7-1200 PLC 定时器指令的功能和工作原理。
（2）能够应用定时器指令编写控制程序。
（3）掌握设置系统存储器字节与时钟存储器字节的方法。
（4）掌握电动机 Y—△ 降压启动 PLC 程序设计方法。
（5）培养团结协作精神及创新精神。

任务描述

继电器控制的 Y—△ 降压启动控制线路特点：当按下电动机启动按钮 SB1 时，接触器 KM1、KM3 闭合，电动机定子绕组接成 Y 形接法启动；经过一定时间，接触器 KM3 失电释放，接触器 KM2 闭合，将电动机定子绕组接成三角形接法全压运行。但是继电器控制的 Y—△ 降压启动控制线路接触点多，稳定性差，可采用 PLC 实现对电动机 Y—△ 降压启动控制。

在上一任务中学习了电动机 Y—△ 降压启动控制线路的工作原理和结构等相关知识，下面将继续学习如何应用 PLC 实现电动机的 Y—△ 降压启动。

任务引导

引导问题 1：为什么要进行电动机 Y—△ 降压启动？

引导问题 2：电动机 Y—△ 降压启动电气控制线路是如何工作的？

引导问题 3：在 PLC 中如何实现延时控制？

知识点一 S7-1200 PLC 定时器指令

（配套视频10、项目四任务二——定时器指令概述）

定时器指令概述

定时器指令是 PLC 中专门用于实现延时的一类指令。自动控制系统中经常会遇到时间控制的问题，需要用定时器指令来实现此功能。S7-1200 系列 PLC 采用的是 IEC 标准的定时器指令，用户程序中可以使用的 IEC 定时器数仅受 CPU 存储器容量的限制。IEC 定时器指令有 4 种类型，分别为接通延时定时器 TON 指令、时间累加器 TONR 指令、关断延时定时器 TOF 指令、脉冲定时器 TP 指令。

1. 接通延时定时器 TON 指令（配套视频11、项目四任务二——TON 和 TONR 指令）

接通延时定时器的指令标识为 TON，指令格式如图 4-8 所示，其中定时器的输入 IN 为启动输入端，PT 为预设时间值，ET 为定时开始后经过的当前时间值，Q 为定时器的位输出。

TON 和 TONR 指令

定时器属于函数块，调用时需要指定背景数据块，定时器的数据保存在背景数据块中。将定时器指令拖放到梯形图中的适当位置，在出现的"调用选项"对话框中，可以修改默认的背景数据块名称，如图 4-9 所示。IEC 定时器没有编号，可以用背景数据块的名称来做定时器的标示符，背景数据块的名称和编号可以使用默认的，也可自行更改，如改为"T1"或"装料延时"等，单击"确定"按钮，自动生成定时器背景数据块。定时器背景数据块数据结构如图 4-10 所示。

图 4-8 TON 指令格式　　　图 4-9 定时器"调用选项"对话框

图 4-10 定时器背景数据块数据结构

项目四　三相异步电动机的降压启动控制　99

定时器的输入 IN 为启动输入端,在输入 IN 的上升沿(由 0 状态变为 1 状态)启动定时器 TON 开始定时。PT(Preset Time)为预设时间值,ET(Elapsed Time)为定时开始后经过的时间,称为当前时间值,它们的数据类型为 32 位的 time,单位为 ms,最大定时时间为 T#24D_20H_31M_23S_647MS。D、H、M、S、MS 分别是日、小时、分、秒、毫秒。Q 为定时器的位输出。各参数均可使用 I(仅用于输入参数)、Q、M、D、L 存储区,PT 可以使用常量,可以不给 Q 和 ET 指定地址。定时器指令可以放在程序段的中间或结束处。

图 4-11 所示为接通延时定时器 TON 指令的应用实例。程序中接通延时定时器 TON 用于将 Q 输出的置位操作延时 PT 指定的一段时间。在 IN 输入信号变为 ON 状态时开始定时。定时开始后,当前时间 ET 从 0 开始不断增大,当 ET 达到 PT 指定的设定值时,输出 Q 变为 1 状态,ET 保持不变,见图 4-12 波形 A。

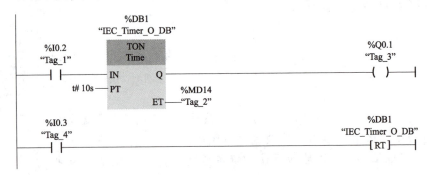

图 4-11 接通延时定时器 TON 指令应用实例

IN 输入电路断开或定时器复位线圈 RT 通电,定时器被复位,当前时间被清零,输出 Q 变为 0 状态。如果 IN 输入信号在未达到 PT 设定的时间时变为 0 状态(见图 4-12 波形 B),输出 Q 保持 0 状态不变。

复位输入 I0.3 变为 1 状态时,定时器将复位停止计时。之后复位输入 I0.3 恢复为 0 状态,此时如果 IN 输入信号依然保持为 1 状态,将开始重新定时,见图 4-12 波形 D。

2. 时间累加器 TONR 指令

时间累加器的指令标识为 TONR,指令格式如图 4-13 所示,其中输入 IN 为启动输入端,R 为复位输入端,PT 为预设时间值,ET 为定时开始后经过的当前时间值,Q 为定时器的位输出。可以看出它的指令格式和 TON 很相似,只是多了一个复位端 R。因为 TONR 具有时间累加的功能,即使输入端断开,其当前时间仍能保持,如想对定时器复位,需要通过复位端 R。

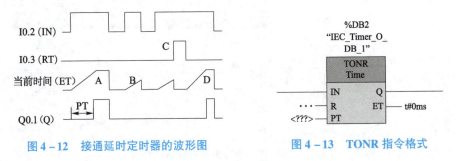

图 4-12 接通延时定时器的波形图   图 4-13 TONR 指令格式

时间累加器 TONR 应用实例如图 4-14 所示。IN 输入电路接通时开始定时（见图 4-15 波形 A 和 B）。输入电路断开时，累计的当前时间值保持不变。可以用 TONR 来累计输入电路接通的若干个时间段。当图中的累计时间 $t_1 + t_2$ 等于预设值 PT 时，Q 输出变为 1 状态，见图 4-15 波形 D。

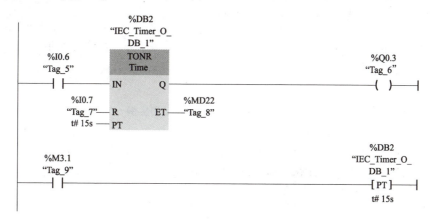

图 4-14　时间累加器 TONR 应用实例

当复位输入 R 为 1 状态时，见图 4-15 波形 C，TONR 被复位，它的 ET 变为 0，输出 Q 变为 0 状态。

3. 关断延时定时器 TOF 指令（配套视频 12、项目四任务二——TOF 指令）

关断延时定时器的指令标识为 TOF，指令格式如图 4-16 所示，其中定时器的输入 IN 为启动输入端，PT 为预设时间值，ET 为定时开始后经过的当前时间值，Q 为定时器的位输出。关断延时定时器可以用于设备停机后的延时，如大型变频电动机冷却风扇的延时等。

TOF 指令

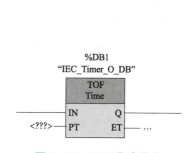

图 4-15　时间累加器的波形图　　图 4-16　TOF 指令格式

关断延时定时器 TOF 的应用实例如图 4-17 所示。其用于将 Q 输出的复位操作延时 PT 指定的一段时间。其 IN 输入电路接通时，输出 Q 为 1 状态，当前时间被清零。IN 输入电路由接通变为断开时，即在 IN 的下降沿开始定时，当前时间 ET 从 0 逐渐增大。当当前时间等于预设值时，输出 Q 变为 0 状态，当前时间保持不变，直到 IN 输入电路接通（见图 4-18 波形 A）。

如果当前时间未达到 PT 预设的值，IN 输入信号就变为 1 状态，当前值被清 0，输出 Q 保持 1 状态不变（见图 4-18 波形 B）。当梯形图中 I0.5 为 1 时，复位线圈 RT 通电时，如

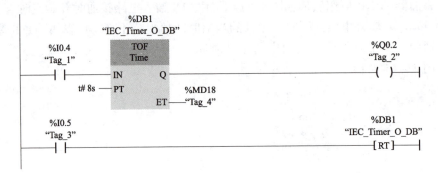

图 4-17 关断延时定时器应用实例

果此时 IN 输入信号为 0 状态，则定时器被复位，当前时间被清零，输出 Q 变为 0 状态（见图 4-18 波形 C）。如果复位时 IN 输入信号为 1 状态，则复位信号不起作用（见图 4-18 波形 D）。

4. 脉冲定时器 TP 指令

脉冲定时器的指令标识为 TP，它的指令格式如图 4-19 所示。脉冲定时器可生成具有预设宽度时间的脉冲。

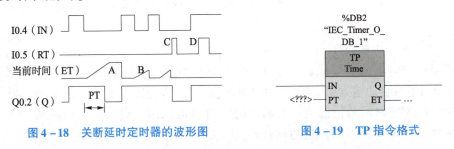

图 4-18 关断延时定时器的波形图　　　图 4-19 TP 指令格式

图 4-20 所示为脉冲定时器应用实例。将 I0.0 接到脉冲定时器 TP 的 IN 端，其输出为 Q0.0，本例中 PT 端设定为 10 s，TP 脉冲定时器可以实现输出时间宽度为 10 s 脉冲的功能。

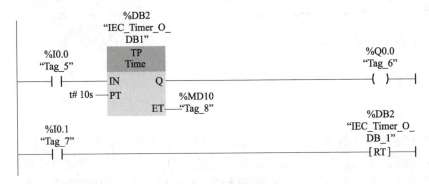

图 4-20 脉冲定时器应用实例

在 IN 输入信号的上升沿启动该指令，Q 输出变为 1 状态，开始输出脉冲，ET 从 0 开始不断增大，达到 PT 预设的时间时，Q 输出变为 0 状态。如果 IN 输入信号为 1 状态，则当前时间值保持不变（见图 4-21 波形 A）。如果 IN 输入信号为 0 状态，则当前时间变为 0（见图 4-21 波形 B）。IN 输入的脉冲宽度可以小于预设值，在脉冲输出期间，即使 IN 输入出现下降沿和上升沿，也不会影响脉冲的输出。

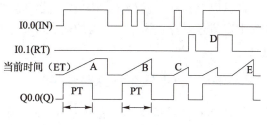

图 4-21 脉冲定时器的波形图

当 I0.1 为 1 时，定时器复位线圈 RT 通电，定时器 T1 被复位。如果正在定时，且 IN 输入信号为 0 状态，将使当前时间值 ET 清零，Q 输出也变为 0 状态（见图 4-21 波形 C）。如果此时正在定时，且 IN 输入信号为 1 状态，将使当前时间清零，但是 Q 输出保持为 1 状态（见图 4-21 波形 D）。复位信号 I0.1 变为 0 状态时，如果 IN 输入信号为 1 状态，将重新开始定时（见图 4-21 波形 E）。

知识点二　用接通延时定时器构成一个脉冲发生器

图 4-22 所示为脉冲发生器波形图。用接通延时定时器构成一个脉冲发生器，使其产生脉冲时序，脉冲信号的周期为 3 s，脉冲宽度为 1 s。

图 4-22 脉冲发生器波形图

脉冲发生器梯形图如图 4-23 所示，当图中的 I0.0 接通后，定时器 T7 的 IN 输入信号为 1 状态，开始定时，2 s 后定时时间到，它的 Q 输出使右边的定时器 T8 开始定时，同时 Q4.0 的线圈通电。1 s 后 T8 的定时时间到，它的输出"T8.Q"的常闭触点断开，使 T7 的 IN 输入电路断开复位，其 Q 输出变为 0 状态，Q4.0 和定时器 T8 的 IN 输出也变为 0 状态，T8 复位。在下一个扫描周期，因为 T8 的复位，其"T8.Q"的常闭触点接通，T7 又从预设值开始定时，程序循环运行。Q4.0 的线圈将按照以上规律周期性地通电和断电，直到 I0.0 断开。Q4.0 线圈通电和断电的时间分别等于 T7 和 T8 的预设值，脉冲信号的周期为 T7 和 T8 的预设值之和。

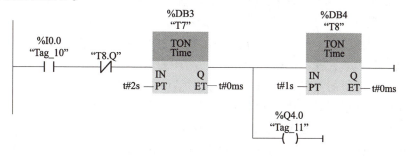

图 4-23 脉冲发生器梯形图

通过以上分析可以看出，调整定时器 T7 和 T8 的设定值即可产生频率占空比均可调的脉冲发生器信号。若在脉冲发生器的输出端接上彩灯或蜂鸣器，便成为典型的闪烁电路或报警电路。

知识点三　设置系统存储器字节与时钟存储器字节

打开 PLC 的设备视图，选中 CPU，再选中巡视窗口的"属性"→"常规"→"系统和时钟存储器"（见图 4-24），可以用复选框启用系统存储器字节和时钟存储器字节，一般采用它们的默认地址 MB1 和 MB0，也可以根据使用习惯更改地址，但应注意避免同一地址的重复使用。

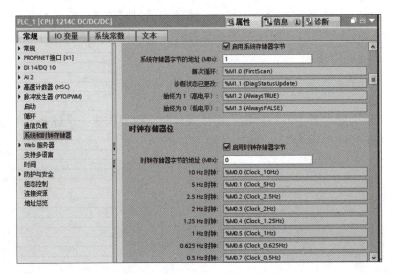

图 4-24　组态系统存储器字节与时钟存储器字节

将 MB1 设置为系统存储器字节后，该字节的 M1.0 ~ M1.3 意义如下：

M1.0（首次循环）：仅在刚进入 RUN 模式的首次扫描时为 TRUE（1 状态），以后为 FALSE（0 状态）。

M1.1（诊断状态已更改）：诊断状态发生变化。

M1.2（始终为 1 状态）：总是为 TRUE，其常开触点总是闭合。

M1.3（始终为 0 状态）：总是为 FALSE，其常闭触点总是闭合。

图 4-24 勾选了下面的"启用时钟存储器字节"复选框，采用默认的 MB0 作为时钟存储器字节。

时钟存储器的各位在一个周期内为 FALSE 和为 TRUE 的时间各为 50%，时钟存储器字节每一位的周期和频率见表 4-1。CPU 在扫描循环开始时初始化这些位。注意系统存储器和时钟存储器不是保留的存储器，用户程序或通信可能改写这些存储单元，破坏其中的数据。因此指定了系统存储器和时钟存储器字节后，这两个字节不能再做其他用途，否则将会使用户程序运行出错，甚至造成设备损坏或人身伤害。

例如，M0.5 的时钟脉冲周期为 1 s，可以用它的触点来控制指示灯，指示灯将以 1 Hz 的频率闪动，亮 0.5 s，熄灭 0.5 s。

表 4–1 时钟存储器字节各位的周期与频率

位	7	6	5	4	3	2	1	0
周期/s	2	1.6	1	0.8	0.5	0.4	0.2	0.1
频率/Hz	0.5	0.625	1	1.25	2	2.5	5	10

任务工单

任务工单

任务名称	电动机 Y—△ 降压启动 PLC 控制系统设计		指导老师	
姓名、学号			班级	
组别			组长	
组员姓名				
任务要求	应用 PLC 实现电动机 Y—△ 降压启动			
材料清单				
资讯与参考				
决策与方案				
实施步骤与过程记录				
检查与评价	自我检查记录			
	结果记录			
文档清单	列写本任务完成过程中涉及的所有文档,并提供纸质或电子文档			
	序号	文档名称	电子文档存储路径	完成时间	负责人

项目四 三相异步电动机的降压启动控制

任务实施

(1) 根据项目分析，对 PLC 的输入量、输出量进行分配，列出 I/O 分配表，明确线路用了哪些电气元件。

(2) 根据控制要求及列出的 I/O 分配表，绘制电动机 Y—△降压启动 PLC 硬件接线图。

(3) 进行线路安装，根据所画的硬件接线图进行 PLC 硬件接线，简述接线要点。

链接提示：

接线要求美观、紧固、无毛刺，导线要进入线槽。走线应做到横平竖直、拐直角弯。进出线槽的导线要套上写好线号的线号管。

(4) 在 TIA 博途软件中创建一个工程项目，并命名为"电动机 Y—△降压启动"。根据要求编写梯形图程序。

(5) 下载程序并运行，分析程序的运行过程和结果。

任务评价

1. 小组互评

小组互评任务验收单

任务名称	电动机Y—△降压启动PLC控制系统设计	验收结论	
验收负责人		验收时间	
验收成员			
任务要求	应用PLC实现电动机Y—△降压启动		
实施方案确认			

文档接收清单	接收本任务完成过程中涉及的所有文档			
	序号	文档名称	接收人	接收时间

验收评分	配分表			
	考核内容	评分标准	配分	得分
	I/O分配表	I/O分配正确（10分，错一处扣5分）	10分	
	硬件接线	输入信号接线（10分，错一处扣5分）； 输出信号接线（10分，错一处扣5分）	20分	
	熟练使用软件调试	通信设置（10分，无法通信不得分）； 程序编译正确（10分，错一处扣5分）； 下载到PLC（10分，无法下载不得分）	30分	
	运行情况	运行正确（35分）； 需指导（一次错误扣5分）	35分	
	安全规范操作	如有带电接线操作，一次扣5分； 损坏元器件，一次扣2分； 工作台面保持干净整洁，所用工具摆放整齐有序，否则扣5分	5分	

效果评价	

2. 教师评价

教师评价任务验收单

任务名称	电动机 Y—△ 降压启动 PLC 控制系统设计	验收结论	
验收教师		验收时间	
任务要求	应用 PLC 实现电动机 Y—△ 降压启动		
实施方案确认			

文档接收清单	接收本任务完成过程中涉及的所有文档			
	序号	文档名称	接收人	接收时间

验收评分	配分表			
	考核内容	评分标准	配分	得分
	I/O 分配表	I/O 分配正确（10 分，错一处扣 5 分）	10 分	
	硬件接线	输入信号接线（10 分，错一处扣 5 分）； 输出信号接线（10 分，错一处扣 5 分）	20 分	
	熟练使用软件调试	通信设置（10 分，无法通信不得分）； 程序编译正确（10 分，错一处扣 5 分）； 下载到 PLC（10 分，无法下载不得分）	30 分	
	运行情况	运行正确（35 分）； 需指导（一次错误扣 5 分）	35 分	
	安全规范操作	如有带电接线操作，一次扣 5 分； 损坏元器件，一次扣 2 分； 工作台面保持干净整洁，所用工具摆放整齐有序，否则扣 5 分	5 分	

效果评价	

任务总结

（1）你使用什么指令实现了电动机 Y—△ 降压启动？还可以用什么方法实现？

(2) 使用继电器－接触器控制线路和使用 PLC 实现电动机 Y—△降压启动有什么区别和联系？

(3) 总结定时器指令都可以应用在哪些方面。

思考与练习

(1) 对比 4 种定时器的工作原理，填写表 4－2。

表 4－2　4 种定时器指令总结与对比

定时器类型	启动条件	启动后动作	输出条件	复位条件
TON				
TONR				
TOF				
TP				

(2) 设计实现吊车的运行控制。

要求：按下上升按钮 SB1，KM1 得电，电动机 M1 通电并保持正转，提升重物，同时与控制吊钩下降的 KM2 控制电路形成互锁。碰到行程开关 SQ3 时，重物提升到指定高度，电动机 M1 停止运转。等待 5 min，由工作人员卸下货物。5 min 后，KM2 得电，电动机 M1 反转，带动吊钩下降。碰到行程开关 SQ4 时，电动机 M1 停止运转。

根据任务要求，进行电气控制原理图设计及 PLC 程序设计。

任务三 电动机定子串电阻降压启动控制系统设计

学习目标

(1) 掌握电动机定子串电阻降压启动的工作原理。
(2) 能够设计电动机定子串电阻降压启动线路原理图和接线图。
(3) 学会电动机串接电阻降压启动的电阻选择。
(4) 能够应用 PLC 实现电动机定子串电阻降压启动。
(5) 在操作中培养学生一丝不苟、精益求精的工匠精神。

任务描述

Y—△降压启动只适合于正常运行时电动机额定电压等于电源线电压,定子绕组为三角形连接方式的三相交流异步电动机,而定子绕组为星形连接的三相异步电动机不能采用,需要用到定子串电阻降压启动。

任务引导

引导问题 1: 什么是三角形连接方式?什么是星形连接方式?

引导问题 2: 电动机 Y—△降压启动是如何实现的?

引导问题 3: 什么是电动机定子串电阻降压启动?

知识点一　接触器控制的串接电阻电动机降压启动电气控制线路

定子串电阻（电抗）降压启动是指启动时在电动机定子绕组上串联电阻（电抗），启动电流在电阻上产生电压降，使实际加到电动机定子绕组中的电压低于额定电压，待电动机转速上升到一定值后，再将串联电阻（电抗）短接，使电动机在额定电压下运行。

接触器控制的串接电阻启动电气控制线路如图 4-25 所示，电路启动时，三相定子绕组串接电阻 R，降低定子绕组电压，以减小启动电流。启动结束应将电阻短接。启动时串接电阻 R 降压启动，启动完毕后，KM2 主触点将 R 短路，电动机全压运行。

其具体工作原理如下：

降压启动操作如下：

按下 SB1 → KM1 线圈得电 $\begin{cases} \text{KM1 主触点闭合} \to \text{电动机串接 } R \text{ 降压启动} \\ \text{KM1 自锁触点闭合} \to \text{自锁} \end{cases}$

按下 SB2 → KM2 线圈得电 $\begin{cases} \text{KM2 主触点闭合,电阻 } R \text{ 被短路,电动机全压启动} \\ \text{KM2 自锁触点闭合} \to \text{自锁} \end{cases}$

停机操作：

按下 SB3→KM3、KM2 线圈断电释放→电动机 M 失电停机。

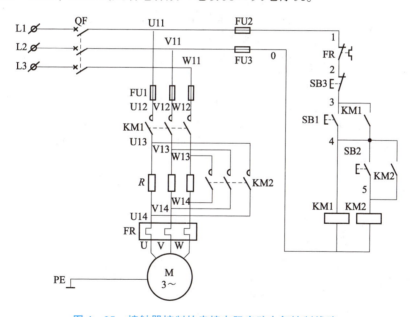

图 4-25　接触器控制的串接电阻启动电气控制线路

知识点二　时间继电器控制的串接电阻电动机降压启动电气控制线路

时间继电器控制的串接电阻降压启动电气控制线路如图 4-26 所示。
接触器控制的串接电阻启动过程需要在启动完毕后迅速启动 KM2 接触器将电阻 R 短路，

项目四　三相异步电动机的降压启动控制

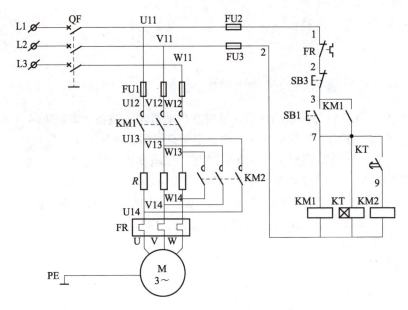

图 4-26 时间继电器控制的串接电阻降压启动电气控制线路

启动 KM2 的时间较难把握。改用时间继电器后，就可以设定时间，当启动完毕时，迅速启动 KM2 使电动机全压运行。

其工作原理如下：

按下 SB1 → KM1 线圈得电 $\begin{cases} KM1 \text{ 主触点闭合} \to \text{电动机串接 } R \text{ 降压启动} \\ KM1 \text{ 自锁触点闭合} \to \text{自锁} \end{cases}$

同时时间继电器 KT 线圈得电→KT 常开触点延时闭合（此时恰好启动结束）→KM2 线圈得电→KM2 主触点闭合→电阻 R 被短路→电动机 M 全压运行。

图 4-26 所示为最简单的时间继电器控制的串接电阻降压启动电气控制线路。它的缺点是电动机全压运行时，KM1、KM2、KT 线圈均处于工作状态，电能浪费较大。可以设法在全压运行时让 KM1、KT 线圈失电不工作，这样的电路更节能。定子串接电阻降压启动节能控制线路如图 4-27 所示。

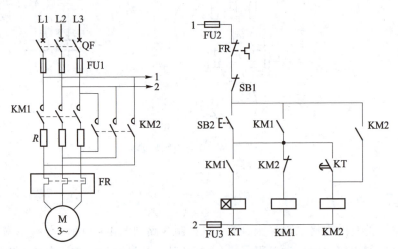

图 4-27 定子串接电阻降压启动节能控制线路

讨论题1：分析图4-26所示时间继电器控制的串接电阻降压启动节能控制线路的工作原理。

知识点三　电动机定子串接电阻降压启动的电阻选择

电动机串接电阻降压启动，电阻要耗电发热，因此不适于频繁启动电动机。串接的电阻一般是用电阻丝绕制而成的功率电阻，体积较大。串电阻启动时，由于电阻的分压，电动机的启动电压只有额定电压的50%～80%，由转矩正比于电压的平方可知，此时 $M_q = (0.25 \sim 0.64) M_e$。

由以上可知，串电阻降压启动仅适用于对启动转矩要求不高的场合，电动机不能频繁地启动，电动机的启动转矩较小，仅适用于轻载或空载启动。

启动电阻可由下式确定，即

$$R = \frac{U_e}{I_e} \sqrt{\left(\frac{I_q}{I'_q}\right)^2 - 1}$$

式中，U_e、I_e 为电动机的额定相电压、相电流；I_q 为电动机全压启动的电流；I'_q 为电动机降压启动的电流。

串电阻启动的优点是控制线路结构简单、成本低、动作可靠，提高了功率因数，有利于保证电网质量。但是，由于定子串电阻降压启动的启动电流随定子电压成正比下降，而启动转矩则按电压下降比例的平方倍下降。同时，每次启动都要消耗大量的电能。因此，三相笼型异步电动机采用电阻降压的启动方法，仅适用于要求启动平稳的中小容量电动机以及启动不频繁的场合。大容量电动机多采用串电抗降压启动。

知识点四　电动机定子串接电阻降压启动PLC控制系统设计

电动机定子串接电阻降压启动控制系统同样也可以用PLC实现对其控制，而且效果好，线路简单，运行稳定。

按照前面介绍的图4-27，其控制要求为按下启动按钮SB2，KM1得电，电动机串电阻降压启动，时间继电器开始计时，经过时间T，KM1失电，KM2得电，电动机处于全压运行，按下停止按钮SB1，KM2失电，电动机停止运行。

从上面的分析可知，系统有启动、停止、热继电器三个输入，均为开关量。该系统中有两个输出信号，其中KM1为串电阻降压启动接触器，KM2为全压运行接触器。所以控制系统可选用CPU1214C AC/DC/RLY。

讨论题 2：如何进行电动机定子串接电阻降压启动 PLC 控制系统设计？

任务工单

任务工单

任务名称	电动机定子串电阻降压启动控制系统设计		指导老师	
姓名、学号			班级	
组别			组长	
组员姓名				
任务要求	使用继电器-接触器线路和 PLC 控制两种方式进行电动机定子串电阻降压启动控制系统设计，并完成通电运行			
材料清单				
资讯与参考				
决策与方案				
实施步骤与过程记录				
检查与评价	自我检查记录			
	结果记录			
文档清单	列写本任务完成过程中涉及的所有文档，并提供纸质或电子文档			
	序号	文档名称	电子文档存储路径	完成时间	负责人

任务实施

（1）绘制电动机定子串电阻降压启动电气控制原理图，明确线路使用了哪些电气元件。

　

（2）根据场地要求，绘制电动机定子串电阻降压启动电气安装接线图。

　

（3）进行线路安装，简述安装要点。

链接提示：
①接线一般从电源端开始按线号顺序连接，先接主电路，后接辅助电路。
②接线要求美观、紧固、无毛刺，导线要进入线槽。走线应做到横平竖直、拐直角弯。进出线槽的导线要套上写好线号的线号管。

　

（4）检查线路和试运行，简述试运行步骤。

链接提示：
①根据电路图自查布线的正确性、合理性、可靠性及元件安装的牢固性。
②检查无误后经教师同意再通电试运行。

项目四　三相异步电动机的降压启动控制　115

③试运行出现故障时必须断电检修。小组之间可相互交换检修。

（5）根据项目分析，改用 PLC 实现电动机定子串电阻降压启动。首先对 PLC 的输入量、输出量进行分配，列出 I/O 分配表，明确线路用了哪些电气元件。

（6）根据控制要求及列出的 I/O 分配表，绘制电动机定子串电阻降压启动 PLC 硬件接线图。

（7）在 TIA 博途软件中创建一个工程项目，并命名为"电动机 Y—△降压启动"。根据要求编写梯形图程序并运行，分析程序的运行过程和结果。

任务评价

1. 小组互评

小组互评任务验收单

任务名称	电动机定子串电阻降压启动控制系统设计	验收结论	
验收负责人		验收时间	
验收成员			
任务要求	使用继电器-接触器线路和PLC控制两种方式进行电动机定子串电阻降压启动控制系统设计,并完成通电运行		
实施方案确认			
文档接收清单	接收本任务完成过程中涉及的所有文档		

序号	文档名称	接收人	接收时间

配分表

验收评分	评分标准	配分	得分
	能够正确绘制电气原理图及接线图。一处错误扣5分	20分	
	能够正确使用工具和仪表,熟练安装电气元件。布线要求美观、紧固、实用、无毛刺,端子标识正确。一处安装出错或不牢固扣1分;损坏元件扣5分	10分	
	无任何设备故障且保证人身安全的前提下通电运行一次成功。一次试运行不成功扣5分,二次试运行不成功扣10分,三次试运行不成功不给分	20分	
	PLC的I/O分配正确,错一处扣2分	5分	
	PLC的硬件接线图绘制正确,并完成接线,错一处扣5分	20分	
	熟练使用软件调试,PLC控制运行正确(35分);需指导(一次错误扣5分)	20分	
	安全规范操作。如有带电接线操作,一次扣5分;损坏元器件,一次扣2分;工作台面保持干净整洁,所用工具摆放整齐有序,否则扣5分	5分	
效果评价			

2. 教师评价

教师评价任务验收单

任务名称	电动机定子串电阻降压启动控制系统设计	验收结论	
验收教师		验收时间	

任务要求	使用继电器-接触器线路和 PLC 控制两种方式进行电动机定子串电阻降压启动控制系统设计，并完成通电运行

实施方案确认	

文档接收清单	接收本任务完成过程中涉及的所有文档				
	序号	文档名称	接收人	接收时间	

验收评分	配分表		
	评分标准	配分	得分
	能够正确绘制电气原理图及接线图。一处错误扣 5 分	20 分	
	能够正确使用工具和仪表，熟练安装电气元件。布线要求美观、紧固、实用、无毛刺，端子标识正确。一处安装出错或不牢固扣 1 分，损坏元件扣 5 分	10 分	
	无任何设备故障且保证人身安全的前提下通电运行一次成功。一次试运行不成功扣 5 分，二次试运行不成功扣 10 分，三次试运行不成功不给分	20 分	
	PLC 的 I/O 分配正确，错一处扣 2 分	5 分	
	PLC 的硬件接线图绘制正确，并完成接线，错一处扣 5 分	20 分	
	熟练使用软件调试，PLC 控制运行正确（35 分）；需指导（一次错误扣 5 分）	20 分	
	安全规范操作。如有带电接线操作，一次扣 5 分；损坏元器件，一次扣 2 分；工作台面保持干净整洁，所用工具摆放整齐有序，否则扣 5 分	5 分	

效果评价	

> 任务总结

（1）总结电动机定子串电阻降压启动工作原理。

（2）电动机 Y—△降压启动和电动机定子串电阻降压启动相比有什么区别和联系？

（3）使用继电器-接触器的控制线路和 PLC 控制方式相比有什么区别和联系？

> 思考与练习

电动机定子串电阻降压启动 PLC 程序可以采用启保停电路和定时器实现，也可以采用置位/复位指令和定时器指令实现，试分别采用这两种方法进行程序设计。

项目五　三相异步电动机的顺序控制

项目说明

顺序控制是指按一定的条件和先后顺序对大型机电单元组成的动力系统和辅机,包括电动机、阀门、挡板的启、停和开、关进行自动控制。在生产机械的过程中,往往有多台电动机,各电动机的作用不同,需要按一定顺序动作,才能保证整个工作过程的合理性和可靠性。例如,X62W 型万能铣床上要求主轴电动机启动后,进给电动机才能启动；平面磨床中,要求砂轮电动机启动后,冷却泵电动机才能启动等。这种只有当一台电动机启动后,另一台电动机才允许启动的控制方式,称为电动机的顺序控制。

任务一　电动机的顺序控制电气控制

学习目标

（1）了解电动机顺序控制的概念和应用。
（2）掌握电动机顺序启动、逆序停止控制的工作原理。
（3）掌握利用时间继电器实现顺序控制的工作原理。
（4）能够识读、设计电动机顺序控制线路原理图和接线图。

任务描述

模拟皮带运输机顺序控制过程,如图 5-1 所示。为了避免运输机上堆积货物,按下启动按钮：电动机 M1 带动 1 号运输带启动；延时 15 s 后,电动机 M2 带动 2 号运输带启动；再过 15 s,电动机 M3 带动 3 号运输带启动。停机的顺序与启动的顺序相反,按下停止按钮,电动机 M3 先停止,10 s 后电动机 M2 停止,再过 10 s 电动机 M1 停止。

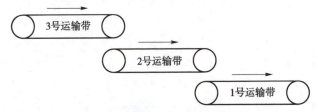

图 5-1　皮带运输机工作示意图

引导问题1： 顺序控制可以实现什么功能？这样做有什么意义？

引导问题2： 顺序控制在实际生产中有哪些应用？

引导问题3： 如何实现电动机的顺序控制？

知识点一　两台电动机顺序启动、逆序停止电气控制线路

在生产实践中，有时要求一个拖动系统中多台电动机实现先后顺序工作。例如，机床中要求润滑电动机启动后，主轴电动机才能启动，如图5-2所示为两台电动机顺序控制线路。

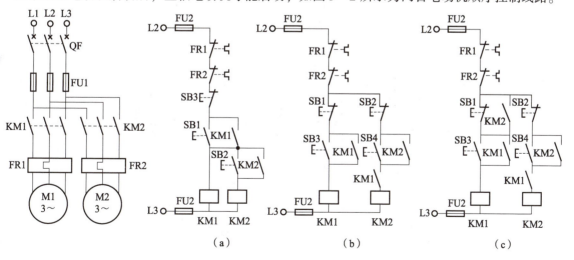

图5-2　两台电动机顺序控制线路

项目五　三相异步电动机的顺序控制

图 5-2（a）中 KM1 的辅助常开触点起自锁和顺序控制的双重作用。

图 5-2（b）中单独用一个 KM1 的辅助常开触点作顺序控制触点。

图 5-2（c）实现 M1→M2 的顺序启动、M2→M1 的顺序停止控制。顺序停止控制分析：KM2 线圈断电，SB1 常闭触点并联的 KM2 辅助常开触点断开后，SB1 才能起停止控制作用，所以，停止顺序为 M2→M1。

电动机顺序控制的接线规律如下：

（1）要求接触器 KM1 动作后接触器 KM2 才能动作，将接触器 KM1 的常开触点串在接触器 KM2 的线圈电路中。

（2）要求接触器 KM1 动作后接触器 KM2 不能动作，将接触器 KM1 的常闭触点串在接触器 KM2 的线圈电路中。

（3）要求接触器 KM2 停止后接触器 KM1 才能停止，将接触器 KM2 的常开触点与接触器 KM1 的停止按钮并接。

讨论题 1：分别分析图 5-2（a）~图 5-2（c）所示两台电动机顺序控制线路的工作过程。

知识点二　利用时间继电器实现两台电动机顺序启动电气控制线路

前面介绍的是手动进行顺序控制的控制线路，在实际生产应用中，往往需要自动实现顺序控制，下面介绍如何利用时间继电器实现两台三相异步电动机的自动顺序控制。

图 5-3 所示为采用时间继电器，按时间顺序启动的控制线路。线路要求电动机 M1 启动 t 秒后，电动机 M2 自动启动，可利用时间继电器的延时闭合常开触点来实现。

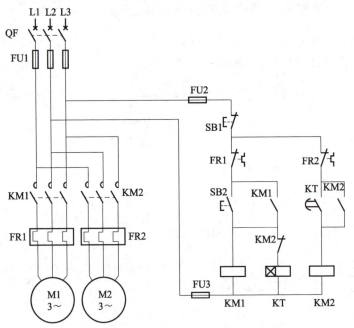

图 5-3　利用时间继电器实现顺序启动控制线路

按启动按钮 SB2，接触器 KM1 线圈通电并自锁，电动机 M1 启动，同时时间继电器 KT 线圈也通电。定时 t 秒到，时间继电器延时闭合的常开触点 KT 闭合，接触器 KM2 线圈通电并自锁，电动机 M2 启动，同时接触器 KM2 的常闭触点切断了时间继电器 KT 线圈电源。

讨论题 2：分析图 5-3 所示利用时间继电器实现顺序启动控制线路的工作过程，并思考如何实现 M2→M1 的顺序停止控制。

知识点三　三台电动机按时间顺序启动、逆序停止电气控制线路

皮带运输机是一种连续平移运输机械，常用于粮库、矿山等生产流水线上，将粮食、矿石等从一个地方运到另一个地方，一般由多条皮带机组成，可以改变运输的方向和斜度。现以三条皮带运输机为例按时间实现控制。图 5-4 所示为三条皮带运输机的示意图。对于这三条皮带运输机的电气要求如下：

（1）启动顺序为 1 号、2 号、3 号，即顺序启动，以防止货物在皮带上堆积。
（2）停车顺序为 3 号、2 号、1 号，即逆序停止，以保证停车后皮带上不残存货物。
（3）当 1 号或 2 号出故障停车时，3 号能随即停车，以免继续进料。

其线路原理如图 5-4 所示。

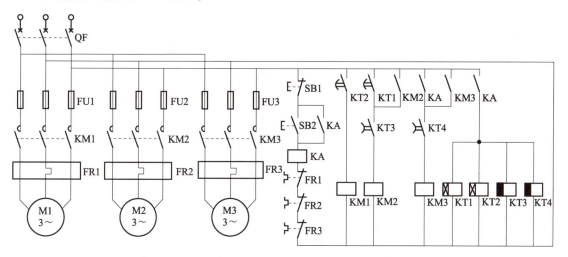

图 5-4　三台电动机按时间顺序启动、逆序停止控制线路

其线路工作过程如下：

按下启动按钮 SB2，KA 通电闭合并自锁，KA 常开触点闭合，接通 KT1~KT4，其中 KT1、KT2 为通电延时型，KT3、KT4 为断电延时型，KT3、KT4 的常开触点立即闭合，为 KM2 和 KM3 的线圈通电准备条件。KA 另一个常开触点闭合，与 KT4 一起接通 KM3，电动机 M3 首先启动，经过一段时间，达到 KT1 的整定时间，则 KT1 的常开触点闭合，使 KM2

通电闭合，电动机 M2 启动，再经过一段时间，达到 KT2 的整定时间，则 KT2 的常开触点闭合，使 KM1 通电闭合，电动机 M1 启动。

按下停止按钮 SB1，KA 断电释放，4 个时间继电器同时断电，KT1、KT2 常开触点立即断开，KM1 失电，电动机 M1 停车。由于 KM2 自锁，所以，只有达到 KT3 的整定时间，KT3 断开，使 KM2 断电，电动机 M2 停车，最后达到 KT4 的整定时间，KT4 的常开触点断开，使 KM3 线圈断电，电动机 M3 停车。

任务工单

任务工单

任务名称	电动机的顺序控制电气控制线路		指导老师	
姓名、学号			班级	
组别			组长	
组员姓名				
任务要求	为了避免运输机上堆积货物，按下启动按钮：电动机 M1 带动 1 号运输带启动；延时 15 s 后，电动机 M2 带动 2 号运输带启动；15 s 后，电动机 M3 带动 3 号运输带启动。停机的顺序与启动的顺序相反，按下停止按钮，电动机 M3 先停止，10 s 后电动机 M2 停止，再过 10 s 电动机 M1 停止。设计电气控制原理图、接线图，并完成通电运行			
材料清单				
资讯与参考				
决策与方案				
实施步骤与过程记录				
检查与评价	自我检查记录			
	结果记录			
文档清单	列写本任务完成过程中涉及的所有文档，并提供纸质或电子文档			
	序号	文档名称	电子文档存储路径	完成时间	负责人

（1）绘制皮带运输机顺序控制线路原理图，明确线路用了哪些电气元件。

（2）根据场地要求，绘制皮带运输机顺序控制线路电气安装接线图。

（3）进行线路安装，简述安装要点。
链接提示：
①接线一般从电源端开始按线号顺序连接，先接主电路，后接辅助电路。
②接线要求美观、紧固、无毛刺，导线要进入线槽。走线应做到横平竖直、拐直角弯。进出线槽的导线要套上写好线号的线号管。

（4）检查线路和试运行，简述试运行步骤。

链接提示：

①根据控制线路自查布线的正确性、合理性、可靠性及元件安装的牢固性。

②检查无误后经教师同意再通电试运行。

③试运行出现故障时必须断电检修。可小组之间相互交换检修。

（5）设置故障并检修，由本组成员设置故障，由其他组成员检修。简述检修步骤。

链接提示：电动机顺序控制线路常见故障。

以两台电动机顺序启动、逆序停止控制线路为例，常见的故障如下：

①电动机 M1、M2 均不能启动，可能的故障原因如下：

 a. 电源开关未接通：检查 QF，如上口有电，下口没电，QF 存在故障，需检修或更换；如果下口有电，QF 正常。

 b. 熔断器熔芯熔断：FU 熔芯熔断，更换同规格熔芯。

 c. 热继电器未复位：复位 FR 常闭触点。

②电动机 M1 启动后，M2 不能启动，可能的故障原因如下：

 a. KM2 线圈控制电路不通：检查 KM2 线圈电路导线有无脱落，若有脱落需恢复；检查 KM2 线圈是否损坏，如损坏需更换；检查 SB3 按钮是否正常，若不正常需修复或更换。

 b. KM1 常开辅助触点故障：检查 KM1 常开辅助触点是否闭合，不闭合需修复。

 c. KM2 电源缺相或没电：检查 KM1 主触点以下至 M2 部分有无导线脱落，如有脱落需恢复；检查 KM2 主触点是否存在故障，若存在需修复或更换接触器。

任务评价

1. 小组互评

小组互评任务验收单

任务名称	电动机的顺序控制电气控制线路	验收结论	
验收负责人		验收时间	
验收成员			
任务要求	为了避免运输机上堆积货物,按下启动按钮:电动机 M1 带动 1 号运输带启动;延时 15 s,电动机 M2 带动 2 号运输带启动;15 s 后,电动机 M3 带动 3 号运输带启动。停机的顺序与启动的顺序相反,按下停止按钮,电动机 M3 先停止,10 s 后电动机 M2 停止,再过 10 s 电动机 M1 停止。设计电气控制原理图、接线图,并完成通电运行		
实施方案确认			

文档接收清单	接收本任务完成过程中涉及的所有文档			
	序号	文档名称	接收人	接收时间

验收评分	配分表		
	评分标准	配分	得分
	能够正确绘制电气原理图及接线图。一处错误扣 5 分	30 分	
	能够正确使用工具和仪表,熟练安装电气元件。一处安装出错或不牢固扣 1 分,损坏元件扣 5 分	20 分	
	布线要求美观、紧固、实用、无毛刺,端子标识正确。布线不规范扣 5 分	10 分	
	无任何设备故障且保证人身安全的前提下通电运行一次成功。一次试运行不成功扣 5 分,二次试运行不成功扣 10 分,三次试运行不成功不给分	30 分	
	安全规范操作。如有带电接线操作,一次扣 5 分; 损坏元器件,一次扣 2 分; 工作台面保持干净整洁,所用工具摆放整齐有序,否则扣 5 分	10 分	
效果评价			

2. 教师评价

教师评价任务验收单

任务名称	电动机的顺序控制电气控制线路		验收结论	
验收教师			验收时间	
任务要求	为了避免运输机上堆积货物，按下启动按钮；电动机 M1 带动 1 号运输带启动；延时 15 s，电动机 M2 带动 2 号运输带启动；15 s 后，电动机 M3 带动 3 号运输带启动。停机的顺序与启动的顺序相反，按下停止按钮，电动机 M3 先停止，10 s 后电动机 M2 停止，再过 10 s 电动机 M1 停止。设计电气控制原理图、接线图，并完成通电运行			
实施方案确认				
文档接收清单	接收本任务完成过程中涉及的所有文档			
	序号	文档名称	接收人	接收时间
验收评分	配分表			
	评分标准		配分	得分
	能够正确绘制电气原理图及接线图。一处错误扣 5 分		30 分	
	能够正确使用工具和仪表，熟练安装电气元件。一处安装出错或不牢固扣 1 分，损坏元件扣 5 分		20 分	
	布线要求美观、紧固、实用、无毛刺，端子标识正确。布线不规范扣 5 分		10 分	
	无任何设备故障且保证人身安全的前提下通电运行一次成功。一次试运行不成功扣 5 分，二次试运行不成功扣 10 分，三次试运行不成功不给分		30 分	
	安全规范操作。如有带电接线操作，一次扣 5 分；损坏元器件，一次扣 2 分；工作台面保持干净整洁，所用工具摆放整齐有序，否则扣 5 分		10 分	
效果评价				

任务总结

（1）为什么要进行电动机顺序启动、逆序停止控制？有什么实际意义？

（2）总结电动机按时间顺序启动、逆序停止控制线路控制原理。

思考与练习

锅炉点火、熄火电气控制线路设计：点火时，先启动引风电动机 M1，当其工作 5 min 后，送风电动机 M2 自行启动，完成锅炉的点火过程；锅炉熄火时，先停止送风电动机 M2，当其停止 2 min 后，引风电动机 M1 自动停止，完成锅炉的熄火过程。

任务二　电动机的顺序控制 PLC 控制系统设计

学习目标

（1）理解西门子 PLC 的用户程序结构。
（2）掌握 OB 块的功能和调用。
（3）能够正确应用 FC、FB 块。
（4）建立、提高编制梯形图程序的逻辑思维能力。

任务描述

模拟皮带运输机顺序控制过程，如图 5-5 所示。为了避免运输机上堆积货物，按下启动按钮：电动机 M1 带动 1 号运输带启动；延时 15 s 后，电动机 M2 带动 2 号运输带启动；再过 15 s 后，电动机 M3 带动 3 号运输带启动。停机的顺序与启动的顺序相反，按下停止按钮，电动机 M3 先停止，10 s 后电动机 M2 停止，再过 10 s 后电动机 M1 停止。

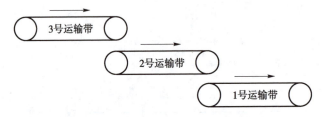

图 5-5　皮带运输机顺序控制过程

任务引导

引导问题 1：皮带运输机为什么要顺序启动、逆序停止？

引导问题 2：电动机顺序启动、逆序停止控制线路是如何实现的？

引导问题 3：如何使用 PLC 实现皮带运输机的顺序启动、逆序停止？

知识点一　S7-1200 PLC 的用户程序结构

1. 模块化编程

S7-1200 PLC 编程采用模块化编程的概念，将复杂的自动化任务划分为对应于生产过程且技术功能较小的子任务，每个子任务对应一个块，可以通过块与块之间的相互调用来组织程序。块类似于子程序的功能，但类型更多，功能更强大。在工业控制中，程序往往是庞大和复杂的，采用块的概念便于大规模程序的设计和理解，还可以设计标准化的块程序进行重复调用，使程序结构清晰明了、修改方便。S7-1200 PLC 程序提供了组织块、功能块、功能及数据块 4 种不同类型的块。用户程序中各种块的简要描述见表 5-1。

表 5-1　用户程序中各种块的简要描述

块	简要描述
组织块（OB）	操作系统与用户程序的接口，决定用户程序的结构
功能块（FB）	用户编写、包含经常使用的功能的子程序，有专用的背景数据块
功能（FC）	用户编写、包含经常使用的功能的子程序，没有专用的背景数据块
背景数据块（DB）	用于保存 FB 的输入、输出参数和静态变量，其数据在编译时自动生成
全局数据块（DB）	存储用户数据的数据区域，供所有的代码块共享

2. 组织块（Organization Block，OB）

组织块是操作系统与用户程序的接口，由操作系统调用，用于控制扫描循环和中断程序的执行、PLC 的启动和错误处理等。组织块的程序是用户编写的。

OB1 是用于扫描循环处理的组织块，相当于主程序，操作系统调用 OB1 来启动用户程序的循环执行，每一次循环中调用一次组织块 OB1。在项目中插入 PLC 站将自动在项目树中的"程序块"下生成"Main [OB1]"块，双击打开即可编写主程序。

组织块中除 OB1 作为用于扫描循环处理主程序的组织块，还包括启动组织块、时间错误中断组织块、诊断组织块、硬件中断组织块、循环中断组织块和延时中断组织块等。

每个组织块必须有一个唯一的 OB 编号。组织块无法互相调用或通过 FC、FB 调用，只有中断事件（如诊断中断或时间间隔）可以启动组织块的执行。

CPU 按优先等级处理 OB，即先执行优先级较高的 OB，然后执行优先级较低的 OB。最低优先等级为 1（对应主程序循环 OB1），最高优先等级为 27（对应时间错误中断）。

1）程序循环组织块

OB1 是用户程序中的主程序，CPU 循环执行操作系统程序，在每一次循环中，操作系统程序调用一次 OB1。允许有多个程序循环 OB，它们将按编号顺序执行。

2）启动组织块

启动组织块用于系统初始化，当 CPU 的工作模式从 STOP 切换到 RUN 时，执行一次启动（STARTUP）组织块来初始化程序循环 OB 中的某些变量。之后将开始执行"程序循环"OB。可以有多个启动 OB，默认为 OB100。

3）中断组织块

中断处理用来实现对特殊内部事件或外部事件的快速响应。如果没有中断事件出现，CPU 循环执行组织块 OB1 和它调用的块；如果出现中断事件（如诊断中断和时间延迟中断等），操作系统在终止当前程序的执行（产生断点）后，立即响应中断，自动调用一个分配给该事件的组织块（即中断程序）来处理中断事件。执行完中断组织块后，返回程序的断点处继续执行原来的程序。

如果在执行中断程序（组织块）时又检测到一个新中断请求，CPU 将比较两个中断源的优先级。如果优先级相同，按照产生中断请求的先后次序进行处理。如果后者的优先级比正在执行的 OB 的优先级高，将中止当前正在处理的 OB，改为调用较高优先级的 OB。这种处理方式称为中断程序的嵌套调用。

中断程序不是由程序块调用，而是在中断事件发生时由操作系统调用。这意味着部分用户程序不必在每次循环中处理，而是在需要时才被中断程序处理。

3. 函数

函数（Function，FC）是用户编写的子程序，它包含完成特定任务的代码和参数，FC 和 FB 有与调用它的块共享的输入参数和输出参数。执行完 FC 和 FB 后，返回调用它的代码块。

函数是快速执行的代码块，可用于完成标准的和可重复使用的操作，如算术运算或完成技术功能，或使用位逻辑运算的控制。

可以在程序的不同位置多次调用同一个 FC 或 FB，这样可以简化重复执行的任务编程。函数没有固定的存储区，函数执行结束后，其临时变量中的数据就丢失了。

4. 函数块

函数块（Function Block，FB）是用户编写的子程序，调用函数块时需要指定背景数据块，后者是函数块专用的存储区。CPU 执行 FB 中的程序代码，将块的输入/输出参数和局部静态变量保存在背景数据块中，以便在后面的扫描周期访问它们。FB 的典型应用是执行不能在一个扫描周期完成的操作。在调用 FB 时自动打开对应的背景数据块，后者的变量可以供其他代码块使用。调用同一个函数块时使用不同的背景数据块，可以控制不同的对象。

5. 数据块

数据块（Data Block，DB）是用于存放程序执行时所需变量数据的数据区，STEP 7 按变量生成的顺序自动地为数据块中的变量分配地址。

数据块有两种类型：

（1）全局数据块存储供所有程序使用的数据，所有的 OB、FB 和 FC 都可以访问它们。

（2）背景数据块中保存的是对应的 FB 的输入/输出参数和局部静态变量，供特定的 FB 使用。

数据块的存储单元从字节 0 开始依次增加。数据块就像一个大柜子，每个字节类似于一个抽屉。

S7-1200 PLC 通过符号地址或绝对地址访问数据块数据。默认情况下，在编程软件中建立数据块时系统会自动选择"仅符号访问"项，则此时数据块仅能通过符号寻址的方式进行数据的存取。例如，"Values". Start 即符号访问，其中 Values 为数据块的符号名称，Start 为数据块中定义的变量。而 DB10. DBW0 则为绝对地址访问，其中，DB10 指明了数据块名 DB10，DBW 的"W"指明了寻址一个字长，其寻址的起始字节为 0。即寻址的是 DB10 数据块中字节 0 和字节 1 组成的一个字。同样 DBB0、DBD0 以及 DBX4.1 等分别寻址的是一个字节、双字和位。

6. 全局变量和局部变量

PLC 变量表中的变量可以用于整个 PLC 中所有的程序块，在所有的程序块中具有相同的意义和唯一的名称。可以在变量表中为输入 I、输出 Q 和位存储器 M 的位、字节、字和双字定义全局变量。在程序中，全局变量被自动添加双引号，如"按钮1"。

局部变量只能在被定义的块中使用，同一个变量的名称可以在不同的块中分别使用一次。可以在块的接口区定义块的输入参数（Input）、输出参数（Output）、输入/输出参数（InOut）和临时数据（Temp），以及定义 FB 的静态数据（Static）。在程序中，局部变量被自动添加#，如"#按钮1"。

知识点二 生成与调用函数 FC

设计 PLC 程序，完成两台电动机按顺序操作的控制任务。要求：按下启动按钮 SB1 第一台电动机先启动，10 s 后自动启动第二台电动机，按下停止按钮 SB2，两台电动机同时停止。

1. 生成函数

打开项目树中的文件夹"\ PLC_1 \ 程序块"，双击其中的"添加新块"选项。单击打开的对话框中的"函数 FC"按钮，设置其名称为"电动机顺序启动"，默认的编号为 1，默认的语言为 LAD 梯形图（见图 5 – 6）。

图 5 – 6 生成函数

2. 生成函数的局部变量

可以在项目树中看到新生成的 FC1（见图 5 – 7）。打开 FC1，用鼠标往下拉动程序编辑器的分隔条可以看到函数的接口区，根据本例要求生成的局部变量如图 5-8 所示。

图 5-7 项目树　　　　　　图 5-8 FC1 接口区的局部变量

函数各种类型的局部变量的作用如下：

输入参数（Input）：用于接收调用它的主调块提供的输入数据。

输出参数（Output）：用于将块的程序执行结果返回给主调块。

输入/输出参数（InOut）：初值由主调块提供，块执行完后用同一个参数将它的值返回给主调块。

文件夹 Return 中自动生成的返回值"电动机顺序启动"与函数的名称相同，属于输出参数，其值返回给调用它的块。返回默认值的数据类型为 Void，表示函数没有返回值，在调用 FC1 时看不到它。如果将它设置为 Void 之外的数据类型，在 FC1 内部编程时可以使用该输出变量，调用 FC1 时可以在它的方框右边看到它，说明它属于输出参数。返回值的设置与 IEC 6113-3 标准有关，该标准的函数没有输出参数，只有一个与函数同名的返回值。

函数还有两种局部数据：

Temp 临时局部数据：用于存储临时中间结果的变量，同一优先级的 OB 及其调用的块的临时数据保存在局部数据堆栈中同一片物理存储区，它类似于公用的布告栏，大家都可以往上面贴布告，后贴的布告将原来的布告覆盖。只是在执行块时使用临时数据，每次调用块之后不再保存它的临时数据的值，它可能被同一优先级中后面调用的块的临时数据覆盖。调用 FC 和 FB 时，首先应初始化它的临时数据（写入数值），然后再使用它，简称为"先赋值后使用"。

Constant 常量：在块中使用并且带有声明的符号名的常数。

3. FC1 程序

根据控制要求，FC1 的程序如图 5-9 所示。

4. 在 OB1 中调用 FC1 程序

在变量表中生成调用 FC1 时所需的变量（见图 5-10），将项目树中的 FC1 拖放到 OB1 程序的水平"导线"上（见图 5-11）。

```
   #启动按钮      #停止按钮                              #启动标志位
 ───┤ ├─────────┤/├──────────────────────────────────( )───
   #启动标志位
 ───┤ ├───

   #启动标志位                                          #电动机1
 ───┤ ├─────────────────────────────────────────────( )───
                           #定时器
                          ┌────────┐
                          │  TON   │
                          │  Time  │
                       ───┤IN    Q ├───────────────( )───   #电动机2
               #定时时间 ──┤PT    ET├── …
                          └────────┘
```

图 5-9　FC1 的程序

	名称	数据类型	地址
1	启动按钮	Bool	%I0.0
2	停止按钮	Bool	%I0.1
3	启动标志位	Bool	%M10.0
4	电动机1	Bool	%Q0.0
5	电动机2	Bool	%Q0.1

图 5-10　PLC 变量表

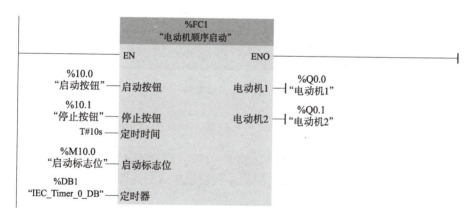

图 5-11　OB1 调用 FC1 的程序

　　FC1 的方框中左边的"启动按钮""停止按钮"等是在 FC1 的接口区中定义的输入参数和输入/输出参数,右边"电动机 1""电动机 2"是输出参数。它们被称为 FC 的形式参数,简称形参,形参在 FC 内部的程序中使用。别的代码块调用 FC 时,需要为每个形参指定实际的参数,简称实参。实参在方框的外面,实参与它对应的形参应具有相同的数据类型。STEP 7 自动在程序中全局变量的符号地址两边添加双引号。

　　实参既可以是变量表和全局数据块中定义的符号地址或绝对地址,也可以是调用 FC1 的块。块的 Output(输出)和 InOut(输入/输出)参数不能用常数来做实参,其实参应为地址。只有 Input(输入参数)的实参能设置为常数。

知识点三　生成与调用函数块 FB

　　设计 PLC 程序,使用 TOF 关断延时定时器设计多台电动机控制的 PLC 程序。要求按下启动按钮 1 电动机 1 运行；按下停止按钮 1 电动机 1 停止运行，同时制动器 1 启动，10 s 后制动器停止工作。按下启动按钮 2 电动机 2 运行；按下停止按钮 2 电动机 2 停止运行，同时制动器 2 启动，10 s 后制动器停止工作。

1. 生成函数块

打开项目树中的文件夹"\PLC_1\程序块"，双击其中的"添加新块"选项。单击打开的对话框中的"函数块 FB"按钮，设置其名称为"电动机控制"，默认的编号为 1，默认的语言为 LAD 梯形图（见图 5 – 12）。

图 5 – 12 生成函数块

2. 生成函数块的局部变量

可以在项目树中看到新生成的 FB1（见图 5 – 13）。打开 FB1，用鼠标往下拉动程序编辑器的分隔条可以看到函数块的接口区，根据本例要求生成的局部变量如图 5 – 14 所示。

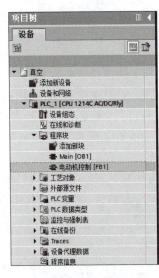

图 5 – 13 项目树   图 5 – 14 FB1 接口区

IEC 定时器、计数器实际上是函数块，方框上面是它的背景数据块，在 FB 中，IEC 定时器、计数器的背景数据块如果是一个固定的数据块，在同时多次调用 FB1 时，该数据块将会同时用于多处，这犯了程序设计的大忌，程序运行时将会出错。为了解决这一问题，在块接口中生成了数据类型为 IEC_TIMER 的静态变量"定时器 DB"（见图 5-14）。每次调用 FB1 时，在 FB1 不同的背景数据块中，不同的被控对象都有保存定时器的背景数据的存储区"定时器 DB"。

3. 用于定时器、计数器的多重背景

IEC 定时器指令和 IEC 计数器指令实际上是函数块，每次调用它们时都需要指定一个背景数据块，如果这类指令很多，将会生成大量的数据块碎片。为了解决这个问题，在函数块中使用定时器/计数器指令时，可以在函数块的接口区定义数据类型为 IEC_Timer（IEC 定时器）或 IEC_Counter（IEC 计数器）的静态变量（见图 5-14）。用这些静态变量来提供定时器和计数器的背景数据，这种程序结构被称为多重背景。

将定时器 TOF 方框拖放到 FB1 的程序区，出现"调用选项"对话框（见图 5-15），单击选中"多重背景"，用选择框选中列表中的"定时器 DB"，用 FB1 的静态变量"定时器 DB"提供 TOF 的背景数据。

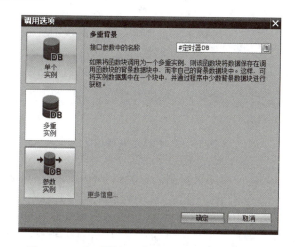

图 5-15 定时器多重背景"调用选项"对话框

这样处理后，多个定时器或计数器的背景数据被包含在它们所在的函数块的背景数据块及多重背景数据块中，而不需要为每个定时器或计数器设置一个单独的背景数据块。因此减少了处理数据的时间，能更合理地利用存储空间，此外顺便解决了多次调用使用固定的背景数据块的定时器、计数器的函数块 FB1 带来的问题。

4. FB1 程序

FB1 程序如图 5-16 所示。

5. 生成函数块的多重背景

为了实现多重背景，生成一个名为"多台电动机控制"的函数块 FB2，在它的块接口区生成两个数据类型为"电动机控制"的静态变量"1 号电动机"和"2 号电动机"。每个静态变量内部的输入参数、输出参数等局部变量是自动生成的，与 FB1"电动机控制"的相同（见图 5-17）。

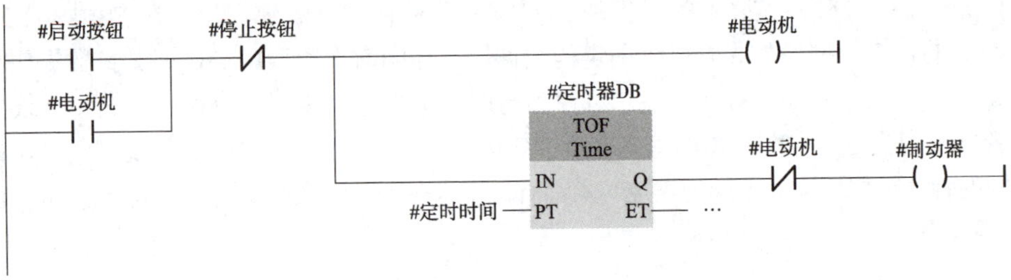

图 5-16　FB1 的程序

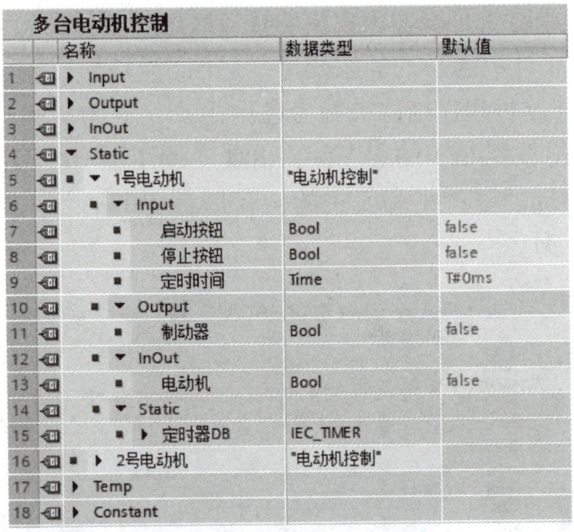

图 5-17　FB2 的块接口区

双击打开 FB2，调用 FB1 "电动机控制"，出现 "调用选项" 对话框（见图 5-18），单击选中的 "多重背景 DB"，单击下拉菜单，选中列表中的 "1 号电动机"，用 FB2 的静态变量 "1 号电动机" 提供名为 "电动机控制" 的 FB1 的背景数据。用同样的方法在 FB2 中再次调用 FB1，用 FB2 的静态变量 "2 号电动机" 提供 FB1 的背景数据。在 FB2 中两次调用 FB1，如图 5-19 所示。

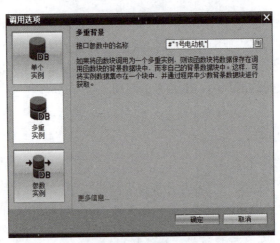

图 5-18　在 FB2 中调用 FB1 对话框

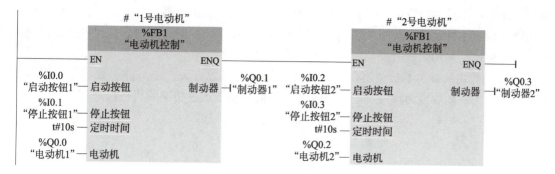

图 5 – 19　在 FB2 中两次调用 FB1 程序

6. 在 OB1 中调用 FB2 程序

在 OB1 中调用 FB2 "多台电动机控制"（见图 5 – 20），其背景数据块为 "电动机控制 DB"。FB2 的背景数据块与 FB2 的接口区均只有静态变量 "1 号电动机" 和 "2 号电动机"。两次调用 FB1 的背景数据都在 FB2 的背景数据块 DB 中。通过此程序设计可以令两台设备启动、停车和制动延时。

图 5 – 20　在 FB2 中两次调用 FB1 程序

知识点四　函数与函数块的区别

FB 和 FC 均为用户编写的子程序，接口区中均有 Input、Output、InOut 参数和 Temp 数据。FC 的返回值实际上属于输出参数。下面是 FB 和 FC 的区别：

（1）函数没有背景数据块，函数块有背景数据块。

（2）只能在函数内部访问它的局部变量，其他代码块或人机界面可以访问函数块的背景数据块中的变量。

（3）函数没有静态变量（Static），函数块有保存在背景数据块中的静态变量。

函数如果有执行完后需要保存的数据，只能用全局数据区（如全局数据块和 M 区）来保存，但这样会影响函数的可移植性。如果块的内部使用了全局变量，在移植时需要重新统一分配所有块内部使用的全局变量的地址，以保证不会出现地址冲突。当程序很复杂，代码块很多时，这种重新分配全局变量地址的工作量非常大，也很容易出错。

如果函数或函数块的内部不使用全局变量，只使用局部变量，不需要做任何修改就可以将块移植到其他项目。

如果代码块有执行完后需要保存的数据，显然应使用函数块而不是函数。

（4）函数块的局部变量（不包括 Temp）有默认值（初始值），函数的局部变量没有默认值。在调用函数块时可以不设置某些有默认值的输入、输出参数的实参。这种情况下，将使用这些参数在背景数据块中的启动值，或使用上一次执行后的参数值。这样可以简化调用函数块的操作。调用函数时应给所有的形参指定实参。

（5）函数块的输出参数值不仅与来自外部的输入参数有关，还与静态数据保存的内部状态数据有关。函数因为没有静态数据，相同的输入参数产生相同的执行结果。

任务工单

任务工单

任务名称	电动机的顺序控制 PLC 控制系统设计	指导老师	
姓名、学号		班级	
组别		组长	
组员姓名			
任务要求	为了避免运输机上堆积货物，按下启动按钮，电动机 M1 带动 1 号运输带启动；延时 15 s，电动机 M2 带动 2 号运输带启动；再过 15 s，电动机 M3 带动 3 号运输带启动。停机的顺序与启动的顺序相反，按下停止按钮，电动机 M3 先停止，10 s 后电动机 M2 停止，再过 10 s 电动机 M1 停止。进行 PLC 控制系统设计		
材料清单			
资讯与参考			
决策与方案			
实施步骤与过程记录			
检查与评价	自我检查记录		
	结果记录		
文档清单	列写本任务完成过程中涉及的所有文档，并提供纸质或电子文档		
	序号 | 文档名称 | 电子文档存储路径 | 完成时间 | 负责人		

任务实施

(1) 根据项目分析，对 PLC 的输入量、输出量进行分配，列出 I/O 分配表，明确线路用了哪些电气元件。

(2) 根据控制要求及列出的 I/O 分配表，绘制皮带运输机顺序控制 PLC 硬件接线图。

(3) 进行线路安装，根据刚才所画的硬件接线图进行 PLC 硬件接线，简述接线要点。

链接提示：

接线要求美观、紧固、无毛刺，导线要进入线槽。走线应做到横平竖直、拐直角弯。进出线槽的导线要套上写好线号的线号管。

(4) 在 TIA 博途软件中创建一个工程项目，并命名为"皮带运输机顺序控制"。根据要求设计梯形图程序并运行，分析程序的运行过程和结果。

任务评价

1. 小组互评

小组互评任务验收单

任务名称	电动机的顺序控制 PLC 控制系统设计		验收结论	
验收负责人			验收时间	
验收成员				
任务要求	为了避免运输机上堆积货物,按下启动按钮,电动机 M1 带动 1 号运输带启动;延时 15 s,电动机 M2 带动 2 号运输带启动;再过 15 s,电动机 M3 带动 3 号运输带启动。停机的顺序与启动的顺序相反,按下停止按钮,电动机 M3 先停止,10 s 后电动机 M2 停止,再过 10 s 电动机 M1 停止。进行 PLC 控制系统设计			
实施方案确认				
文档接收清单	接收本任务完成过程中涉及的所有文档			
	序号	文档名称	接收人	接收时间
验收评分	配分表			
	考核内容	评分标准	配分	得分
	I/O 分配表	I/O 分配正确(10 分,错一处扣 5 分)	10 分	
	硬件接线	输入信号接线(10 分,错一处扣 5 分); 输出信号接线(10 分,错一处扣 5 分)	20 分	
	熟练使用软件调试	通信设置(10 分,无法通信不得分); 程序编译正确(10 分,错一处扣 5 分); 下载到 PLC(10 分,无法下载不得分)	30 分	
	运行情况	运行正确(35 分); 需指导(一次错误扣 5 分)	35 分	
	安全规范操作	如有带电接线操作,一次扣 5 分; 损坏元器件,一次扣 2 分; 工作台面保持干净整洁,所用工具摆放整齐有序,否则扣 5 分	5 分	
效果评价				

2. 教师评价

教师评价任务验收单

任务名称	电动机的顺序控制 PLC 控制系统设计		验收结论	
验收教师			验收时间	
任务要求	为了避免运输机上堆积货物，按下启动按钮，电动机 M1 带动 1 号运输带启动；延时 15 s，电动机 M2 带动 2 号运输带启动；再过 15 s，电动机 M3 带动 3 号运输带启动。停机的顺序与启动的顺序相反，按下停止按钮，电动机 M3 先停止，10 s 后电动机 M2 停止，再过 10 s 电动机 M1 停止。进行 PLC 控制系统设计			
实施方案确认				
文档接收清单	接收本任务完成过程中涉及的所有文档			
	序号	文档名称	接收人	接收时间

配分表

考核内容	评分标准	配分	得分
I/O 分配表	I/O 分配正确（10 分，错一处扣 5 分）	10 分	
硬件接线	输入信号接线（10 分，错一处扣 5 分）；输出信号接线（10 分，错一处扣 5 分）	20 分	
熟练使用软件调试	通信设置（10 分，无法通信不得分）；程序编译正确（10 分，错一处扣 5 分）；下载到 PLC（10 分，无法下载不得分）	30 分	
运行情况	运行正确（35 分）；需指导（一次错误扣 5 分）	35 分	
安全规范操作	如有带电接线操作，一次扣 5 分；损坏元器件，一次扣 2 分；工作台面保持干净整洁，所用工具摆放整齐有序，否则扣 5 分	5 分	

（验收评分 / 效果评价 为左侧标签）

项目五 三相异步电动机的顺序控制

任务总结

(1) 对比使用 PLC 和使用继电器–接触器实现皮带运输机顺序控制有什么区别？哪种方案更简便？

(2) 梯形图程序设计不是唯一的，你使用了什么指令和方法实现皮带运输机顺序控制？还可以如何进行程序设计？

思考与练习

(1) 什么是形参？什么是实参？

(2) 函数与函数块有什么区别与联系?

(3) 设计实现洗衣机控制。

要求:洗衣机通过滚筒的正转、反转完成洗涤流程,按下启动按钮洗衣机开始洗涤,洗涤指示灯点亮,洗涤时正转 30 s,反转 30 s,如此循环反复清洗 10 min。10 min 后洗涤指示灯熄灭,滚筒正转脱水 1 min,脱水指示灯亮。1 min 后洗衣结束,脱水指示灯熄灭。系统还设置有一个急停按钮,按下急停按钮可立即停止工作。请给出合理的解决方案。

项目六　PLC 控制 G120 变频器实现电动机调速控制

项目说明

工业生产中，生产机械、运输机械在传动时都需要调速。首先，机械在启动时，根据不同的要求需要不同的启动时间与不同的启动速度相配合；其次，机械在停止时，由于转动惯量不同，其自由停车时间也各不相同，为了达到人们所需要的停车时间，就必须在停车时采取一些调速措施；再次，机械在运行中根据不同的情况也要求进行调速。经过发展目前多采用变频调速，即使用专用变频器来实现异步电动机的调速控制。

任务一　PROFINET 通信控制 G120 的调速

学习目标

（1）学会在 TIA 博途软件项目中添加 G120 变频器设备。
（2）掌握西门子 G120 变频器的控制方法。
（3）掌握西门子 G120 变频器的参数设置方法。
（4）熟悉西门子报文，实现三相异步电动机按设定频率运转。

任务描述

通过 PROFINET 通信控制 G120 的启停及调速，实现三相异步电动机按设定频率运转。

任务引导

引导问题 1：什么是电动机的变频调速？变频器的功能是什么？

引导问题2：电动机变频调速在实际生产中有哪些应用？

引导问题3：什么是 PROFINET 通信？

知识点一　G120 变频器认知

西门子 SINAMICS G120 系列变频器采用控制单元（Control Unit，CU）和功率模块（Power Module，PM）分离的设计，最大功率为 250 kW。由于控制单元和功率模块分开，同一控制单元可适应不同容量的功率模块，并可以脱离现场做一些初始调试。同时 SINAMICS G120 系列变频器提供更多的 I/O 口，使其功能与灵活性更强。G120 变频器可以用 Starter 和 TIA StartDrive 软件调试，不再支持 DriverMonitor。

1. 西门子 G120 变频器外形

SINAMICS G120 变频器简称 G120 变频器，是通用型变频器，用于三相交流电动机调速。控制单元可以控制和监测功率模块和电动机。控制单元有很多类型，可以通过不同的现场总线（如 Modbus – RTU，PROFINET – DP，PROFINET，DeviceNet 等）与上层控制器（PLC）进行通信。功率模块适用于功率为 0.37 ~ 250 kW 的电动机。功率模块 PM 用来为电动机和控制模块提供电能，实现电能的整流与逆变功能。

G120 功率模块和控制单元的外观如图 6 – 1 所示。

在功率模块 PM 铭牌（①）处或控制单元 CPU 铭牌（②）处，可以查阅产品名称、技术参数、订货号、版本号等数据。如果控制单元集成了故障安全功能，则会在名称后面加上 F。SINAMICS G120 的功率模块包括 PM230、PM240 和 PM250。

图 6 – 1　G120 变频器外形

功率模块根据其功率的不同，可以分为不同的尺寸类型，编号从 FSA 到 FSF。其中 FS 表示"Frame Size"，即"模块尺寸"，A 到 F 代表功率的大小（依次递增）。

2. G120 变频器控制单元上的接口

将控制单元上方和下方的小门向右打开后，就可以操作端子排。端子排是弹簧接线端子。以 CU240E – 2 为例，控制单元上的接口、连接器、开关、端子排和 LED 如图 6 – 2 所示。

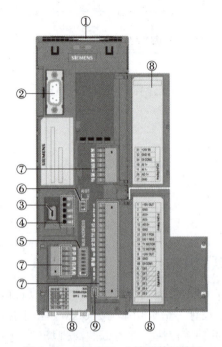

图 6 – 2　CU240E – 2 控制单元接口

①存储卡插槽（MMC 卡或 SD 卡）。
②操作面板（IOP 或 BOP – 2）接口。
③USB 接口，用于连接装有 STARTER 的 PC。
④状态 LED。

⑤DIP 开关，用于设置现场总线地址（在 PROFINET 中无功能）。

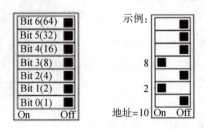

⑥模拟量输入的 DIP 开关。

I　0/4 mA~20 mA
U　-10/0 V~10 V

⑦端子排。

⑧端子标识。

⑨总线终端，仅用于 USS 和 Modbus。

CU240E-2 的端子排如图 6-3 所示。端子排的功能在基本调试中设置，变频器可以为输入与输出以及现场总线接口提供不同的预定义（P0015 宏命令）。

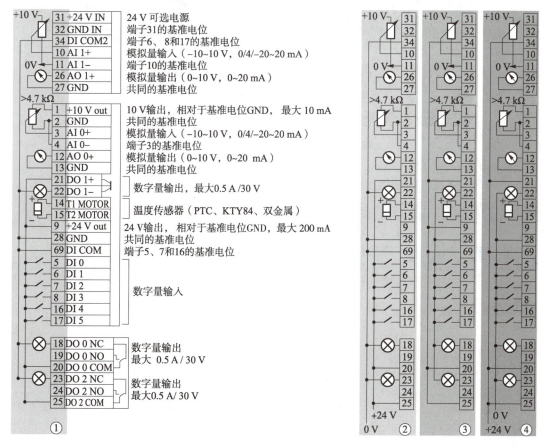

图 6-3　CU240E-2 的端子排

3. G120 变频器的面板功能

G120 变频器的面板用于调试、诊断和控制变频器，控制单元可以安装两种不同的操作面板：BOP 和 IOP。

基本操作面板 BOP（Basic Operator Panel）有一块小的液晶显示屏，用来显示参数、诊断数据等信息；面板的下方有"自动\手动""确认\退出"等按键，可以用来设置变频器的参数并进行简单的功能测试。BOP-2 面板的外观如图 6-4 所示。

智能操作面板 IOP（Intelligent Operator Panel）采用文本和图形显示，界面提供参数设置、调试向导、诊断及上传\下载功能，有助于直观地操作和诊断变频器；IOP 可直接卡紧在变频器上或者作为手持单元通过一根电缆和变频器相连,可通过面板上的手动\自动按钮及菜单导航按钮进行功能选择,操作简单方便。IOP-2的面板外观如图6-5所示。

图6-4 BOP-2面板外观

图6-5 IOP-2面板外观

1)面板上各按键的功能

基本操作面板(BOP-2)上的按键及其功能说明如表6-1所示。

表6-1 基本操作面板(BOP-2)上的按键功能说明

按键	功能	功能说明
I	启动变频器	·在"AUTO"模式下,该按钮不起作用; ·在"HAND"模式下,该按钮为启动作用
O	停止变频器	·在"AUTO"模式下,该按钮不起作用; ·在"HAND"模式下,若连续按两次,将"OFF2"自由停车; ·在"HAND"模式下,若按一次,将"OFF1"按P1121的下降时间停车
HAND AUTO	BOP(HAND)与总线或端子(AUTO)切换按钮	·在"HAND"模式下,按下该键,切换到"AUTO",I 和 O 按键不起作用。自动模式的启动命令在变频器自动切换到"AUTO"模式下的速度给定值; ·在"AUTO"模式下,按下该键,切换到"HAND",I 和 O 按键将起作用。切换到"HAND"模式时,速度给定值保持不变; 在电动机运行期间可以实现"HAND"和"AUTO"模式的切换
ESC	退出操作	·若按该按键2 s以下,表示返回上一级菜单,不保存所有修改的参数值; ·若按该按钮3 s以上,将返回监控画面; 注意,在参数修改模式下,此按钮表示不保存所修改的参数值,除非之前已经按 OK
OK	功能	·菜单选择时,表示确认所选的菜单项; ·当参数选择时,该按钮用于确认所选的参数和参数值设置,并返回上一级画面; ·在故障诊断画面,使用该按钮可以清除故障信息

续表

按键	功能	功能说明
▲	选择修改	·在菜单选择时，表示返回上一级的画面； ·当参数修改时，表示改变参数号或参数值； ·在"HAND"模式下，点动运行方式下，长时间同时按 ▲ 和 ▼ 可以实现以下功能： ·若在正向运行状态下，则将切换到反向状态； ·若在停止状态下，则将切换到运行状态
▼	选择修改	·在菜单选择时，表示进入下一级的画面； ·当参数修改时，表示改变参数号或参数值

2）BOP-2 面板的菜单结构

BOP-2 是一个菜单驱动设备，有 6 个功能菜单，并具有以下菜单结构。各菜单的功能描述见表 6-2。

修改参数值时，可以在菜单"PARAMS"和"SETUP"中进行。通过"PARAMS"可以自由选择参数号，通过"SETUP"进行参数基本调试。

表 6-2 菜单功能描述

菜单	功能描述
MONITOR	监视菜单：运行速度、电压和电流值显示
CONTROL	控制菜单：使用 BOP-2 面板控制变频器
DIAGNOS	诊断菜单：故障报警和控制字、状态字的显示
PARAMS	参数菜单：查看或修改参数
SETUP	调试向导：快速调试
EXTRAS	附加菜单：设备的工厂复位和数据备份

3）变频器的参数

变频器的参数包括参数号和参数值。对变频器的参数进行设置，就是将参数值赋值给参数号。参数号由一个前置的"p"或者"r"参数编号和可选用的下标或位数组成。其中"p"表示可调参数（可读写），"r"表示显示参数（只读）。

在变频器参数中，有一类参数用于信号互联，为 BICO 参数，在该类参数名称的前面有"BI："" BO："" CI："" CO："" CO/BO："等字样。

知识点二　PROFINET 通信简介

PROFINET 是由 PROFIBUS & PROFINET International（PI）推出的开放式工业以太网标准，是基于工业以太网技术的自动化总线标准，为自动化通信领域提供了一个完整的网络解决方案，如图 6-6 所示，其功能主要包括过程控制、运动控制、网络安全等。

根据响应时间不同，PROFINET 有三种通信方式，分别为：

（1）TCP/IP 标准通信。基于工业以太网技术，使用 TCP/IP 和 IT 标准。其响应时间大概在 100 ms 的量级，适用于工厂控制级。

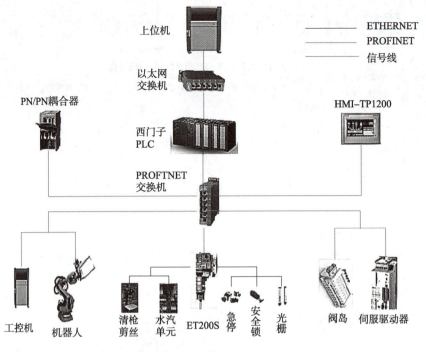

图 6-6 PROFINET 网络示意图

(2) 实时(RT)通信。此方式适用于传感器和执行器设备之间的数据交换,典型响应时间是 5~10 ms。

(3) 同步实时(IRT)通信。在现场级通信中,对通信实时性要求最高的是运动控制(Motion Control),在 100 个节点下,其响应时间要小于 1 ms,抖动误差要小于 1 μs,以此来保证及时、确定的响应。

知识点三 PROFINET IO 控制器对变频器参数访问

PROFINET IO 控制器对变频器参数访问有周期性通信和非周期性通信两种方式。通过周期性通信的 PKW 通道(参数数据区)PROFINET IO 控制器可以读写变频器参数,每次只能读或写一个参数,PKW 通道的长度固定为 4 个字。非周期性通信是 PROFINET IO 控制器通过非周期通信访问变频器数据记录区,每次可以读或写多个参数。

周期过程数据交换是 PROFINET IO 控制器将控制字和给定值等过程数据周期性地发送至变频器,并从变频器周期性地读取状态字和实际转速等过程数据。

下面以组态标准报文 1 为例介绍通过 S7-1200 PLC 如何控制变频器的启停、调速以及读取变频器状态字和电动机实际转速。

报文(Message)是网络中交换与传输的数据单元,即站点一次性要发送的数据块。报文包含了将要发送的完整数据信息,其长短不一致,长度不限且可变。报文格式是事先约定的,需要网络双方共同遵守。图 6-7 所示为常见周期性通信报文格式。

图 6-7 中,STW1 代表控制字 1,NSOLL 代表速度设定值,ZSW1 代表状态字 1,NIST 代表速度反馈值。

报文中 PZD1 是一个 16 位的控制字,每一位的定义如表 6-3 所示,最低位即 bit0 是

报文	PZD 1	PZD 2	PZD 3	PZD 4	PZD 5	PZD 6	PZD 7	PZD 8	PZD 9
速度设定16位	STW1	NSOLL							
	ZSW1	NIST			PZD: 过程数据				
速度设定32位	STW1	NSOLL		STW2					
	ZSW1	NIST		ZSW2					
速度设定32位 位置编码器	STW1	NSOLL		STW2	G1_STW				
	ZSW1	NIST		ZSW2	G1_ZSW	G1_XIST1		G1_XIST2	
速度设定32位 位置编码器, DSC	STW1	NSOLL		STW2	G1_STW	XERR		KPC	
	ZSW1	NIST		ZSW2	G1_ZSW	G1_XIST1		G1_XIST2	

图 6 – 7 常见周期性通信报文格式

ON/OFF1 命令位，1 有效，因此变频器运行时该位必须设置为 1，停止时为 0。Bit1 位为 OFF2 惯性自由停车，该位是 0 有效，所以正常运行时，该位必须设置为 1。

需要特别注意的是，ON/OFF1 启动时，必须有一个边沿变化，并且不能激活 OFF2 和 OFF3。

根据每一位的定义，当 PLC 控制变频器正转启动时，该控制字应为 16#047F，停止时为 16#047E，反转时为 16#0C7F。

表 6 – 3 PZD1 控制字定义

正转 47F		停止 47E		反转 C7F		位	描述	有效
F	1	E	0	F	1	0	ON（斜坡上升）/OFF1（斜坡下降）	1
	1		1		1	1	OFF2：按惯性自由停车	0
	1		1		1	2	OFF3：快速停车	0
	1		1		1	3	脉冲使能	1
7	1	7	1	7	1	4	斜坡函数发生器（RFG）使能	1
	1		1		1	5	RFG 开始	1
	1		1		1	6	设定值使能	1
	0		0		0	7	故障确认	1
4	0	4	0	C	0	8	正向点动	1
	0		0		1	9	反向点动	1
	1		1		1	10	由 PLC 进行控制	1
	0		0		0	11	设定值反向	1
0	0	0	0	0	0	12	保留	
	0		0		0	13	用电动电位计（MOP）升速	1
	0		0		0	14	用 MOP 降速	1
	0		0		0	15	CDS bit0	1

通信报文 1 中转速设定值 NSOLL 又称为主设定值，占用一个字的存储空间。变频器的速度设定值是以额定值的百分数形式给定的。通常以十六进制形式给出，16#4000 即二进制 0100 0000 0000 0000，对应额定转速的 100%，其中该二进制数的最高位为符号位，次高位

对应额定转速的 100%，从左向右依次对应 50%、25%、12.5%、……，由此，当电动机额定转速为 1 350 r/min 时，变频器设定值与实际运行频率、运行转速之间的对应关系如表 6 – 4 所示，均为线性对应。

表 6 – 4　十六进制速度值与运行频率对应关系

实际值（十六进制）	实际值（十进制）	实际值（频率）	额定负载下实际值/(r·min^{-1})
4000	16 384	50	1 350
3000	12 288	37.5	1 012.5
2000	8 192	25	675
1800	6 144	18.75	506.25
1000	4 096	12.5	337.5
800	2 048	6.25	168.75

如工程应用中需设定运行频率为 30 Hz，则变频器的设定值应为 30/50 × 16 384 = 9 830.4，而近似值 9 830 转换为十六进制为 16#2666，因此设定值应为 16#2666。

知识点四　PLC PROFINET 通信控制 G120 调速
（配套视频 13、项目六任务一——PROFINET）

PROFINET

1. 在 TIA 中组态 PLC 硬件

在 TIA 博途硬件组态窗口中，根据实际 PLC 的订货号组态 CPU1214C 后，双击图 6 – 8 中①位置的 CPU，打开 CPU 属性设置窗口，或者直接双击 CPU 左下角的绿色以太网口，打开以太网参数设置巡视窗口。选择图中②位置的以太网地址设置，在③位置单击"添加新的子网"按钮，使用默认网络名称 PN/IE_1，在④位置设置 IP 地址为 192.168.0.1（在此选择默认）。

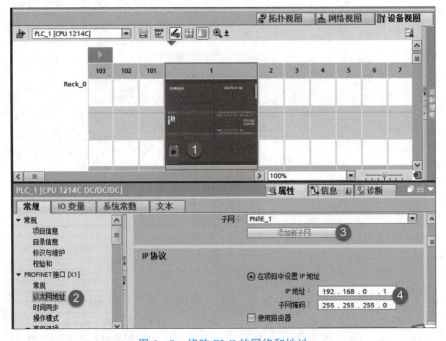

图 6 – 8　修改 PLC 的网络和地址

去掉图 6-9 中①位置"自动生成 PROFINET 设备名称"的勾选,在②位置输入 PROFI-NET 设备名,如"s1200"。完成后,单击工具条中的"编译"按钮进行编译并保存。

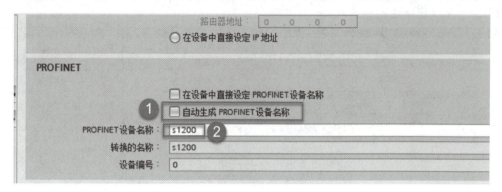

图 6-9 修改 PLC 的设备名称

2. 添加 G120 并组态网络

单击项目树中的"设备和网络",再单击图 6-10 中①位置的"网络视图"选项卡进入"网络视图"页面,在该视图的"硬件目录"对话框中单击"其他现场设备"前面的三角,展开设备列表,依次单击"PROFINET IO→Drives→SIEMENS AG→SINAMICS"展开③位置的"SINAMICS"设备列表。

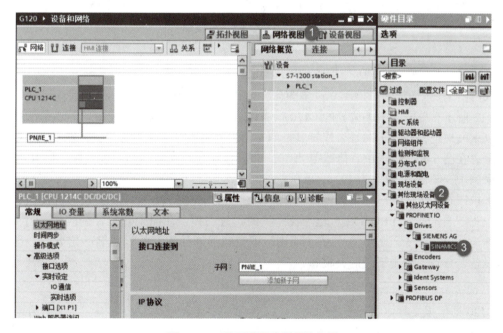

图 6-10 西门子驱动器硬件位置

在图 6-11 位置的硬件列表下的④位置,选择"SINAMICS G120C PN V4.7"设备(注意:此设备需同真实设备一致)。双击或鼠标左键选中拖动此设备到网络视图的空白处,出现⑤位置所示的 G120 设备。单击⑤位置所示的"未分配",出现如图 6-11 中⑥位置所示

项目六 PLC 控制 G120 变频器实现电动机调速控制 ◀ 155

的"选择 IO 控制器",因为已经把 PLC 的网络端口打开,所以出现可供选择的 PLC 设备接口名称,鼠标单击该 PLC 设备接口名称,即可出现图 6-11 中⑦位置所示的变频器与控制器的网络连接轨道指示图标。

图 6-11 组态 G120 的步骤

3. 组态 G120 的 IP 地址和设备名称

双击网络视图窗口中的 G120 设备图标,打开 G120 变频器的设备 IP 地址修改视图,如图 6-12 所示。单击图中①位置的 G120 设备以太网口,打开属性设置窗口。单击图中②位置的以太网地址,检查子网是否连接其控制器 PLC 连接的子网 PN/IE_1,如图 6-12 中③位置所示。在图 6-12 中④位置修改 IP 地址,将其修改为与控制器 PLC 同网段,但 IP 地址不同。示例中变频器 IP 地址为 192.168.0.2。

下拉图 6-12 中的属性设置窗口,打开图 6-13 修改 G120 变频器设备名称窗口,图中将⑤位置"自动生成 PROFINET 设备名称"的勾选去掉,在图中⑥位置修改 PROFINET 设备名称为"g120C"。注意设备名统一原则,即变频器硬件组态的设备名一定要与在线的变频器设备名一致,否则下载后会报错。

4. 组态 G120 的通信报文

G120 通信报文具体组态步骤如图 6-14 所示。单击图中①位置的左三角,打开"设备概览"视图,单击图中②位置的"硬件目录"打开硬件列表。鼠标左键选中子模块下③位置的"标准报文 1",将 PZD2/2 拖动到图中④位置的 13 号插槽,或双击图中③位置的"标准报文 1",即可自动将模块插入 13 号插槽。在④位置的"I 地址"和"Q 地址"处,修改通信的起始地址为 70,此地址在后续 PLC 写程序时会用到。组态 QW70 发送控制字,QW72 发送主设定值。组态 IW70 接受变频器反馈的状态字,IW72 接受实际运行速度。硬件组态编译无误后即可将硬件组态下载。

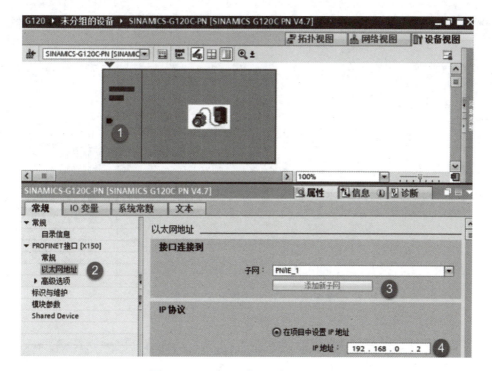

图 6-12 G120 设备 IP 地址修改视图

图 6-13 修改 G120 变频器设备名称

5. 在线修改设备名

在完成 S7-1200 PLC 和 G120 的硬件配置下载后，必须在线为 S7-1200 PLC 和 G120 分配 Device Name，保证为所有设备实际分配的 Device Name 与硬件组态中为其分配的 Device Name 一致。

1）为 S7-1200 PLC 分配设备名

在项目树中单击"在线访问"选项，在使用的通信接口上选择"更新可访问的设备"，S7-1200 PLC 后，单击"在线和诊断"；打开 PLC 在线访问窗口如图 6-15 所示。单击图中①位置的"分配 PROFINET 设备名称"选项，可以看到右侧画面出现分配设备名的窗口，根据实际设备与 PC 的连接情况，修改"在线访问"的"PG/PC 接口的类型""PG/PC 接口"，再单击图中③位置的"更新列表"按钮可以查看网络中的可访问节点。

项目六 PLC 控制 G120 变频器实现电动机调速控制 ■ 157

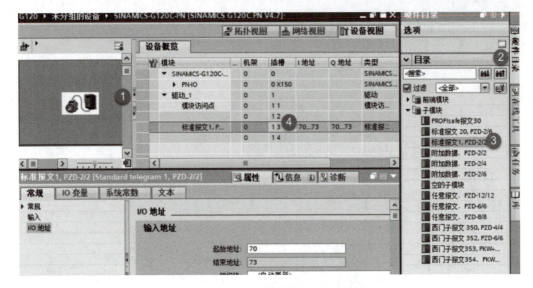

图 6-14　G120 通信报文组态步骤

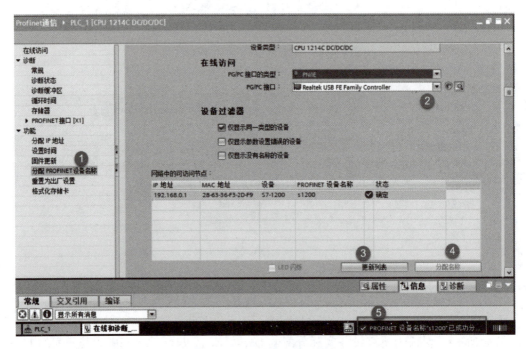

图 6-15　PLC 在线访问窗口

2) 为 G120 分配设备名

通过单击"更新可访问的设备",找到在线的 G120 变频器,单击"在线并诊断"选项;单击"命名"按钮,设置 G120 的设备名称。设置画面如图 6-16 所示。

更改 G120 的 IP 地址具体操作如图 6-17 所示。单击"分配 IP 地址"选项,修改 G120 设备的 IP 地址及子网掩码后,单击"分配 IP 地址"按钮,分配完成后,需重新启动驱动,新配置才生效。

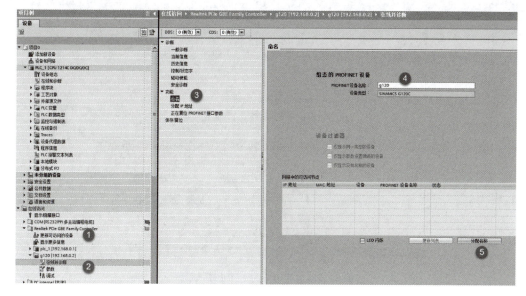

图 6-16 设置画面

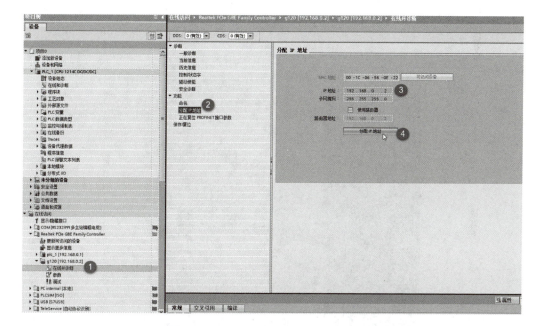

图 6-17 更改 G120 的 IP 地址具体操作

6. 利用调试向导进行快速调试

(1) 在项目树下通过"在线访问"找到 G120 变频器,单击如图 6-18 中①位置的"调试"选项弹出变频器在线调试窗口,单击②位置的"保存/复位"选项,在③位置的"恢复出厂设置"下选择"所有参数将会复位",单击④位置的"启动"按钮,则会弹出如图⑤位置的"恢复出厂设置"对话框,等待参数恢复出厂设置完成。

项目六 PLC 控制 G120 变频器实现电动机调速控制 159

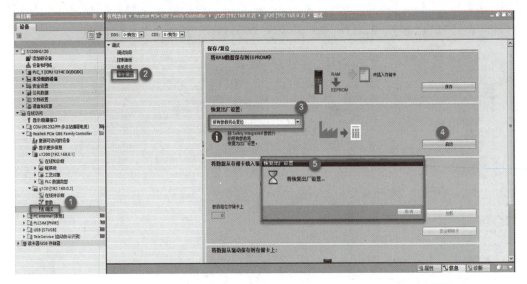

图 6-18 G120 在线恢复出厂设置

（2）利用调试向导进行快速调试。变频器参数恢复出厂设置完成后，利用如图 6-19 位置①所示的"调试向导"进行快速调试，根据变频器所驱动的负载情况，每完成一步操作后，单击"下一页"按钮进行后面参数的设置，直至全部设置完成后，单击"完成"按钮即可。

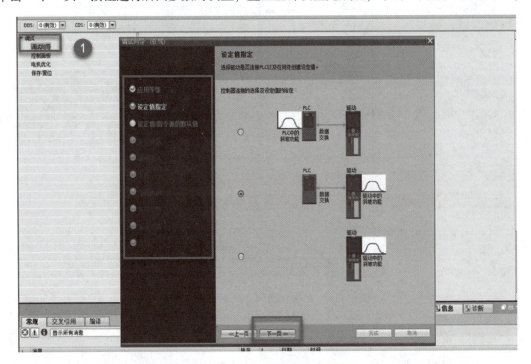

图 6-19 变频器参数调试向导

7. 程序设计

设置 P15 = 7，选择"现场总线控制"；设置 P922 = 1，选择"标准报文 1，PZD2/2"。

此参数设置可以通过在线访问变频器，选择"参数→调试"，将 P15 设置为 7，P922 设置为 1。注意：修改参数时，首先将 P10 修改为 1，参数设置完成后，再将 P10 参数修改为 0。修改通信参数见图 6-20。示例程序如图 6-21 所示。

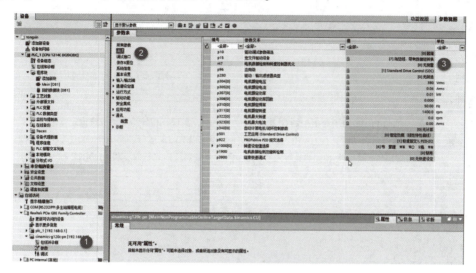

图 6-20　修改通信参数

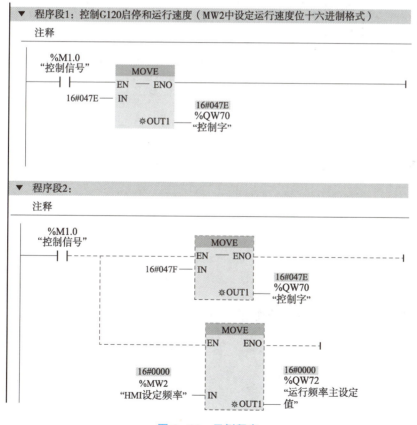

图 6-21　示例程序

任务工单

任务工单

任务名称	PROFINET 通信控制 G120 的调速	指导老师	
姓名、学号		班级	
组别		组长	
组员姓名			
任务要求	通过 PROFINET 通信控制 G120 的启停及调速，实现三相异步电动机按设定频率运转：当需要变频器正向启动时，在 QW70 写入 16#047F；要求以 50 Hz 运行，将 16#4000H 写入 QW72；当需要 OFF1 停车时，将 16#047E 写入 QW70；需要变频器反向运行时，将 16#0C7F 写入 QW70		
材料清单			
资讯与参考			
决策与方案			
实施步骤与过程记录			
检查与评价	自我检查记录		
	结果记录		
文档清单	列写本任务完成过程中涉及的所有文档，并提供纸质或电子文档		
	序号	文档名称	电子文档存储路径	完成时间	负责人

任务实施

（1）进行 PC、PLC、G120 设备连接，说明是如何连接的。

链接提示:

按任务要求所有设备用 RJ45 接口的网线连通,如图 6-22 所示。

图 6-22 硬件连接示意图

(2) PROFINET 通信控制 G120 调速,简述调试步骤。

(3) 根据任务要求列出 I/O 分配表。

(4) 根据要求设计梯形图程序并运行,分析程序的运行过程和结果。

任务评价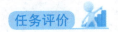

1. 小组互评

小组互评任务验收单

任务名称	PROFINET 通信控制 G120 的调速		验收结论	
验收负责人			验收时间	
验收成员				
任务要求	通过 PROFINET 通信控制 G120 的启停及调速,实现三相异步电动机按设定频率运转:当需要变频器正向启动时,在 QW70 写入 16#047F;要求以 50 Hz 运行,将 16#4000H 写入 QW72;当需要 OFF1 停车时,将 16#047E 写入 QW70;需要变频器反向运行时,将 16#0C7F 写入 QW70			
实施方案确认				
文档接收清单	接收本任务完成过程中涉及的所有文档			
	序号	文档名称	接收人	接收时间
验收评分	配分表			
	评分标准		配分	得分
	元件选择正确,安装位置合理,安装稳固;硬件接线符合接线工艺,走线平直,装接稳固		20 分	
	通信地址组态正确		10 分	
	变频器接线正确		10 分	
	电动机参数设置正确		10 分	
	功能参数设置正确		10 分	
	PLC 控制程序功能完整,符合控制要求		30 分	
	安全规范操作。如有带电接线操作,一次扣 5 分;损坏元器件,一次扣 2 分;工作台面保持干净整洁,所用工具摆放整齐有序,否则扣 5 分		10 分	
效果评价				

2. 教师评价

教师评价任务验收单

任务名称	PROFINET 通信控制 G120 的调速		验收结论	
验收教师			验收时间	
任务要求	通过 PROFINET 通信控制 G120 的启停及调速,实现三相异步电动机按设定频率运转:当需要变频器正向启动时,在 QW70 写入 16#047F;要求以 50 Hz 运行,将 16#4000H 写入 QW72;当需要 OFF1 停车时,将 16#047E 写入 QW70;需要变频器反向运行时,将 16#0C7F 写入 QW70			
实施方案确认				
文档接收清单	接收本任务完成过程中涉及的所有文档			
	序号	文档名称	接收人	接收时间

配分表

评分标准	配分	得分
元件选择正确,安装位置合理,安装稳固;硬件接线符合接线工艺,走线平直,装接稳固	20 分	
通信地址组态正确	10 分	
变频器接线正确	10 分	
组态变频器设置正确	10 分	
电动机参数设置正确	10 分	
PLC 控制程序功能完整,符合控制要求	30 分	
安全规范操作。如有带电接线操作,一次扣 5 分; 损坏元器件,一次扣 2 分; 工作台面保持干净整洁,所用工具摆放整齐有序,否则扣 5 分	10 分	

效果评价	

任务总结

（1）总结在本次任务中遇到了哪些困难及解决措施。

（2）变频器调速控制在实际生产中有哪些应用？使用 PLC 控制变频器有什么优势？

思考与练习

（1）简述 PROFINET 通信控制 G120 的调速步骤。

（2）报文中 STW1、NSOLL、ZSW1、NIST 分别代表什么意思？

任务二 G120 多段速控制

学习目标

（1）能按控制功能要求，进行变频器功能参数调试。
（2）能根据任务要求，正确配置 PLC 的输入、输出端子，正确进行 PLC 与变频器之间的连线。
（3）能正确进行 PLC 与变频器之间的连线。
（4）熟练进行控制程序的编写，并进行多段速的运行调试。

任务描述

生产机械在不同的阶段，要求电动机在不同速度段运行，这就是变频器的多段速功能。设传送带有 7 种运行段速选择。通过接入 PLC 的段速选择开关的组合进行段速选择。7 段速度设置要求如下：

第 1 段：输出频率为 10 Hz；
第 2 段：输出频率为 20 Hz；
第 3 段：输出频率为 50 Hz；
第 4 段：输出频率为 30 Hz；
第 5 段：输出频率为 –10 Hz；
第 6 段：输出频率为 –20 Hz；
第 7 段：输出频率为 –50 Hz。

注：段速选择开关 K1、K2、K3 分别为段速选择位的低位、次低位、高位，其二进制编码对应的数值与段速对应。

任务引导

引导问题 1：变频器的多段速控制是什么意思？

引导问题 2：多段速控制可以应用在哪些方面？

引导问题 3：规划 G120 的参数如何设置。

知识链接

知识点一 变频器多段速功能结构

多段速功能也称为固定转速,是用数字量输入端子选择固定设定值的组合,实现电动机多段速运行调速。G120 变频器的宏 2 和宏 3 都可以实现变频器的多段速功能。宏 2 带安全功能,最多实现 3 段速的调速。宏 3 可以最多实现 15 段速的调速。利用宏 3 实现固定设定值模式有两种:一种是直接选择固定设定值模式;另一种是二进制编码选择。

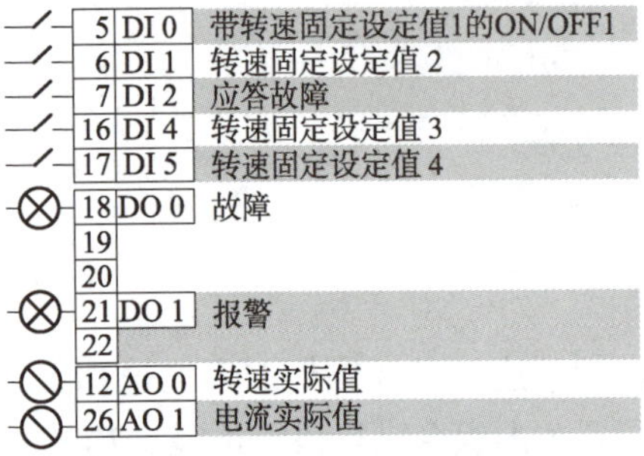

```
─┘ 5  DI 0   带转速固定设定值1的ON/OFF1
─┘ 6  DI 1   转速固定设定值 2
─┘ 7  DI 2   应答故障
─┘ 16 DI 4   转速固定设定值 3
─┘ 17 DI 5   转速固定设定值 4
⊗  18 DO 0   故障
   19
   20
⊗  21 DO 1   报警
   22
⊘  12 AO 0   转速实际值
⊘  26 AO 1   电流实际值
```

图 6-23 宏 3 端子功能定义

1. 宏 3 直接选择模式

当 P0015 设置为 3 后,其端子功能定义如图 6-23 所示。

采用直接选择模式需要设置 P1016=1,此时一个数字量输入选择一个固定设定值。多个数字输入量同时激活时,选定的设定值为对应固定设定值的叠加。最多可以设置 4 个数字输入信号。参数号及说明见表 6-5。

表 6-5 参数号及说明

参数号	说明	参数号	说明
P1020	固定设定值 1 的选择信号	P1001	固定设定值 1
P1021	固定设定值 2 的选择信号	P1002	固定设定值 2
P1022	固定设定值 3 的选择信号	P1003	固定设定值 3
P1023	固定设定值 4 的选择信号	P1004	固定设定值 4

2. 宏 3 二进制编码选择

4 个数字量输入通过二进制编码方式选择固定设定值,使用这种方法最多可以选择 15 个固定频率。采用二进制选择模式需要设置 P1016=2。数字输入不同的状态对应的固定设定值见表 6-6。

表 6-6 参数号及说明

固定设定值	P1023 选择的 DI 状态	P1022 选择的 DI 状态	P1021 选择的 DI 状态	P1020 选择的 DI 状态
P1001 固定设定值 1				1
P1002 固定设定值 2			1	
P1003 固定设定值 3			1	1
P1004 固定设定值 4		1		
P1005 固定设定值 5		1		1
P1006 固定设定值 6		1	1	
P1007 固定设定值 7		1	1	1
P1008 固定设定值 8	1			

续表

固定设定值	P1023 选择的 DI 状态	P1022 选择的 DI 状态	P1021 选择的 DI 状态	P1020 选择的 DI 状态
P1009 固定设定值 9	1			1
P1010 固定设定值 10	1		1	
P1011 固定设定值 11	1		1	1
P1012 固定设定值 12	1	1		
P1013 固定设定值 13	1	1		1
P1014 固定设定值 14	1	1	1	
P1015 固定设定值 15	1	1	1	1

知识点二　功能参数调试

1. 直接选择方式

当采用直接选择方式实现 3 段固定频率控制时，其参数设置如表 6-7 所示。

表 6-7　直接选择方式实现 3 段固定频率控制参数设置

参数	设置值	说明
P0840	722.0	将 DI0 作为启动信号/OFF1 信号，r722.0 作为 DI0 状态的参数
P1016	1	固定转速模式采用直接选择方式
P1020	722.1	将 DI1 作为固定设定值 1 的选择信号，r722.1 作为 DI1 状态的参数
P1021	722.4	将 DI4 作为固定设定值 1 的选择信号，r722.4 作为 DI4 状态的参数
P1022	722.5	将 DI5 作为固定设定值 1 的选择信号，r722.5 作为 DI5 状态的参数
P1070	1 024	固定设定值作为主设定值
*P1001	280	设置固定频率 1（r/min）
*P1002	700	设置固定频率 2（r/min）
*P1003	1 400	设置固定频率 3（r/min）

注：标"*"的参数可根据用户实际要求进行设置。

2. 进制编码方式

当采用二进制编码方式时，实现变频器 7 段固定频率控制的参数设置如表 6-8 所示。

表 6-8　7 段固定频率控制参数设置

参数	设置值	说明
P0840	722.0	将 DI0 作为启动信号/OFF1 信号，r722.0 作为 DI0 状态的参数
P1016	2	固定转速模式采用直接选择方式
P1020	722.1	将 DI1 作为固定设定值位 0 的选择信号，r722.1 作为 DI1 状态的参数
P1021	722.4	将 DI4 作为固定设定值位 1 的选择信号，r722.4 作为 DI4 状态的参数
P1022	722.5	将 DI5 作为固定设定值位 2 的选择信号，r722.5 作为 DI5 状态的参数
P1023	722.2	将 P1023 的默认值 722.5 修改为 722.2（高于 7 段速时，设置此端子） 将 DI2 作为固定设定值位 3 的选择信号，r722.2 作为 DI2 状态的参数
P1070	1 024	固定设定值作为主设定值

续表

参数	设置值	说明
*P1001	280	设置固定频率 1（r/min）
*P1002	560	设置固定频率 2（r/min）
*P1003	1 400	设置固定频率 3（r/min）
*P1004	840	设置固定频率 4（r/min）
*P1005	-280	设置固定频率 5（r/min）
*P1006	-560	设置固定频率 6（r/min）
*P1007	-1 400	设置固定频率 7（r/min）

注：标"*"的参数可根据用户实际要求进行设置。

知识点三　PLC 控制变频器实现七段速运行

1. 任务分析

本任务要实现 7 段固定频率控制，需要 4 个数字输入端口，采用二进制编码选择方式。此时 P15 = 3，P1016 = 2。其中，G120 变频器的数字输入 DI0（端口 5）设为电动机启停控制端，数字输入端 DI1、DI4、DI5（端口 6、16、17）为二进制编码选择信号，G120 数字输入端连接 PLC 的输出信号。7 段固定频率控制状态如表 6 – 9 所示。

表 6 – 9　7 段固定频率控制状态

固定频率	端口 17（S3）(P1022)	端口 16（S2）(P1021)	端口 6（S1）(P1020)	对应频率所设置的参数	频率/Hz	电动机转速/(r·min^{-1})
	0	0	0	—	0	0
1	0	0	1	P1001	10	280
2	0	1	0	P1002	20	560
3	0	1	1	P1003	50	1 400
4	1	0	0	P1004	30	840
5	1	0	1	P1005	-10	-280
6	1	1	0	P1006	-20	-560
7	1	1	1	P1007	-50	-1 400
OFF	0	0	0	—	0	0

2. 编辑变量表

多段速控制变量表如图 6 – 24 所示。

3. PLC 与 G120 硬件接线图

按任务要求及 PLC I/O 分配完成硬件接线，如图 6 – 25 所示。说明：本任务采用信号直连的方式，即 PLC 的输出直接接入 G120 的输入。PLC 输出电源使用 G120 的内部电源，也可采用外配电源进行接线。

	名称	数据类型	地址
1	K0(ON/OFF1)	Bool	%I0.0
2	K1选择位0	Bool	%I0.1
3	K2选择位1	Bool	%I0.2
4	K3选择位2	Bool	%I0.3
5	ON/OFF控制位	Bool	%Q0.0
6	固定速度选择位0	Bool	%Q0.1
7	固定速度选择位1	Bool	%Q0.2
8	固定速度选择位2	Bool	%Q0.3

图 6 – 24　多段速控制变量表

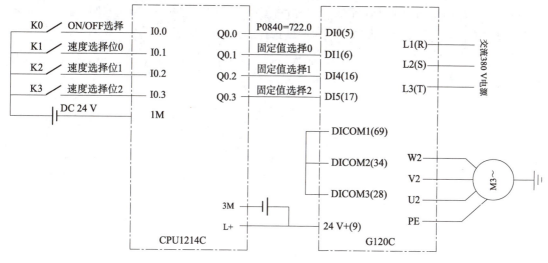

图 6-25 硬件接线图

4. 程序设计与调试

（1）恢复变频器工厂默认值。

（2）进行快速调试，设置电动机参数，快速调试过程中 P0015 参数设置值为 3。注意修改参数时 P0010 = 1，参数设置完成后，变频器运行时设 P0010 = 0，确保变频器当前处于准备状态，可正常运行。

（3）进行功能参数调试，设置 7 段固定频率控制参数。

（4）编写 PLC 控制程序，示例程序如图 6-26 所示。

```
▼ 程序段1：PLC与G120信号直连实现七段速控制）
   注释

     %I0.0                                              %Q0.0
   "K0(ONFF1)"                                       "ON/OFF控制位"
     ─┤├─                                               ─( )─

     %I0.1                                              %Q0.1
   "K1选择位0"                                        "固定速度选择位0"
     ─┤├─                                               ─( )─

     %I0.2                                              %Q0.2
   "K2选择位1"                                        "固定速度选择位1"
     ─┤├─                                               ─( )─

     %I0.3                                              %Q0.3
   "K3选择位2"                                        "固定速度选择位2"
     ─┤├─                                               ─( )─
```

图 6-26 PLC 控制 G120 多段速运行程序

说明：当段速选择数多于 7 个时，需要再增加一个速度选择位，如在本例基础上，可以通过修改 P1023 = r722.2，即将 DI2 作为速度选择的最高位实现。

任务工单

任务工单

任务名称	G120 多段速控制	指导老师	
姓名、学号		班级	
组别		组长	
组员姓名			
任务要求	传送带有 7 种运行段速选择。段速选择开关有 4 个，通过接入 PLC 的段速选择开关的不同组合进行 7 种段速选择。实现任务并撰写操作说明文档		
材料清单			
资讯与参考			
决策与方案			
实施步骤与过程记录			
检查与评价	自我检查记录		
	结果记录		
文档清单	列写本任务完成过程中涉及的所有文档，并提供纸质或电子文档				
	序号	文档名称	电子文档存储路径	完成时间	负责人

（1）根据变频器控制传送带七段速运行任务要求，规划 G120 的相关参数。

（2）列出 PLC 的 I/O 分配表。

（3）按任务要求及 PLC I/O 分配规划 PLC 与 G120 的接线，并完成硬件接线。

（4）进行变频器调试并设计梯形图程序运行，分析程序的运行过程和结果。

任务评价

1. 小组互评

小组互评任务验收单

任务名称	G120 多段速控制	验收结论	
验收负责人		验收时间	
验收成员			
任务要求	传送带有 7 种运行段速选择。段速选择开关有 4 个，通过接入 PLC 的段速选择开关的不同组合进行 7 种段速选择。实现任务并撰写操作说明文档		
实施方案确认			
文档接收清单	接收本任务完成过程中涉及的所有文档		
	序号	文档名称	接收人	接收时间

配分表

	评分标准	配分	得分
验收评分	元件选择正确，安装位置合理，安装稳固；硬件接线符合接线工艺，走线平直，装接稳固	20 分	
	PLC I/O 分配合理，完整	10 分	
	变频器接线正确	10 分	
	电动机参数设置正确	10 分	
	功能参数设置正确	10 分	
	PLC 控制程序功能完整，符合控制要求	30 分	
	安全规范操作。如有带电接线操作，一次扣 5 分；损坏元器件，一次扣 2 分；工作台面保持干净整洁，所用工具摆放整齐有序，否则扣 5 分	10 分	
效果评价			

2. 教师评价

教师评价任务验收单

任务名称	G120 多段速控制	验收结论	
验收教师		验收时间	
任务要求	传送带有 7 种运行段速选择。段速选择开关有 4 个，通过接入 PLC 的段速选择开关的不同组合进行 7 种段速选择。实现任务并撰写操作说明文档			
实施方案确认				
文档接收清单	接收本任务完成过程中涉及的所有文档			
	序号	文档名称	接收人	接收时间
验收评分	配分表			
	评分标准		配分	得分
	元件选择正确，安装位置合理，安装稳固；硬件接线符合接线工艺，走线平直，装接稳固		20 分	
	PLC I/O 分配合理，完整		10 分	
	变频器接线正确		10 分	
	电动机参数设置正确		10 分	
	功能参数设置正确		10 分	
	PLC 控制程序功能完整，符合控制要求		30 分	
	安全规范操作。如有带电接线操作，一次扣 5 分；损坏元器件，一次扣 2 分；工作台面保持干净整洁，所用工具摆放整齐有序，否则扣 5 分		10 分	
效果评价				

任务总结

（1）总结多段速控制中需要规划的参数有哪些。

（2）你实现了多段速控制吗？在运行中遇到了哪些问题？是如何解决的？

思考与练习

（1）G120 中数字输入端的标识是什么？分别对应几号端子？

（2）G120 的 P15 号参数的作用是什么？多段速时 P15 = ？

（3）若需要设置 4 个可变速度：50 Hz、30 Hz、15 Hz、-25 Hz，规划 PLC 与 G120 的接线及 G120 的相关参数。

项目七　智能仓储控制系统设计

项目说明

智能仓储是物流与供应链系统中的重要节点和调控中心，是自动化技术在物流管理上一个很好的应用。智能仓储控制系统包括对物品的进出库、存储、分拣、包装、配送等进行控制的物流活动。使用 PLC 对智能仓储控制系统进行设计，本项目分为 5 个任务模块，包括产品分类、产品计数、产品出入库统计、运载机构定位运输、PLC 通信等。整个实施过程中涉及元器件选型与安装、PLC 编程、设备的调试与运行、安全用电等方面的内容。

任务一　物品质量分类控制系统设计

学习目标

（1）理解 S7-1200 PLC 的基本数据类型。
（2）理解 S7-1200 PLC 比较操作指令的工作原理。
（3）掌握比较操作指令的程序分析方法。
（4）能够正确应用比较操作指令编写控制程序。
（5）做好操作工位的现场 5S 管理。

任务描述

在物品运输和存储中都是按照物品的质量进行分类存放和计价的，可分为 0~5 kg、5~10 kg、10~20 kg、20~50 kg、50~100 kg 等多个等级，使用 PLC 设计物品按质量分类。

任务引导

引导问题 1：智能仓储控制系统可以实现哪些功能？

引导问题 2：智能仓储中物品的分类方式有哪些？

引导问题 3：PLC 控制物品按质量分类可以使用什么指令实现？

知识点一 S7-1200 PLC 的基本数据类型

1. 数据类型

数据类型用来描述数据的长度（即二进制的位数）和属性。很多指令和代码块的参数支持多种数据类型。不同的任务使用不同长度的数据对象，如位逻辑指令使用位数据，比较指令可以使用字节、字和双字。字节、字和双字分别由 8 位、16 位和 32 位二进制数组成。表 7-1 给出了基本数据类型的属性。

表 7-1 基本数据类型的属性

变量类型	符号	位数	取值范围	常数举例
位	Bool	1	1、0	TRUE、FALSE 或 1、0
字节	Byte	8	16#00 ~ 16#FF	16#12，16#AB
字	Word	16	16#0000 ~ 16#FFFF	16#ABCD，16#001
双字	DWord	32	16#00000000 ~ 16#FFFFFFFF	16#02468ACE
短整数	SInt	8	-128 ~ 127	123，-123
整数	Int	16	-37 768 ~ 32 767	12 573，-12 573
双整数	DInt	32	-2 147 483 648 ~ 2 147 483 647	12 357 934，-12 357 934
无符号短整数	USInt	8	0 ~ 255	123
无符号整数	UInt	16	0 ~ 65 535	12 321
无符号双整数	UDInt	32	0 ~ 4 294 967 295	1 234 586
浮点数（实数）	Real	32	$\pm 1.175\ 495 \times 10^{-38}$ ~ $\pm 3.402\ 823 \times 10^{38}$	12.45，-2.4，3.4×10^{-3}
长浮点数	LReal	64	$\pm 2.225\ 073\ 858\ 507\ 202\ 0 \times 10^{-308}$ ~ $\pm 1.797\ 693\ 134\ 862\ 315\ 7 \times 10^{308}$	12 345.123 456，-1.2×10^{40}

续表

变量类型	符号	位数	取值范围	常数举例
时间	Time	32	T#－24d20h31m23s648ms ~ T#24d20h31m23s647ms	T#10d20h30m20s630ms
日期	Date	16	D#1990－1－1 到 D#2168－12－31	D#2019－10－13
实时时间	Time_of_Day	32	TOD#0：0：0.0 到 TOD#23：59：59.999	TOD#10：20：30.400
长格式日期和时间	DTL	12B	最大 DTL#2262－04－11：23：47：16.854 775 807	DTL#2016－10－16－20：30：20.400
字符	Char	8	16#00 ~ 16#FF	'A'、't'
16 位宽字符	WChar	16	16#0000 ~ 16#FFFF	WCHAR#'a'
字符串	String	n＋2B	n＝0 ~ 254B	STRING#'NAME'
16 位宽字符串	WString	n＋2 字	n＝0 ~ 16 382 字	WSTRING#'Hello World'

2. 位

位数据的数据类型为 Bool（布尔）型，在编程软件中，Bool 变量的值 1 和 0 用英语单词 TRUE（真）和 FALSE（假）来表示。

位存储单元的地址由字节地址和位地址组成，如 I3.2 中的区域标识符"I"表示输入（Input），字节地址为 3，位地址为 2（见图 7－1）。这种寻址方式称为"字节.位"寻址方式。

3. 位字符串

数据类型 Byte、Word、Dword 统称为位字符串。它们的常数一般用十六进制数表示。

（1）字节（Byte）由 8 位二进制数组成，如字 MW100 由字节 MB100 和 MB101 组成（见图 7－1），B 是 Byte 的缩写。

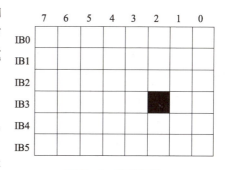

图 7－1 字节与位

（2）字（Word）由相邻的两个字节组成，如字 MW100 由字节 MB100 和 MB101 组成（见图 7－2）。MW100 中的 M 为区域标识符，W 表示字。

（3）双字（Dword）由两个字（或 4 个字节）组成，双字 MD100 由字节 MB100 ~ MB103 或字 MW100、MW102 组成（见图 7－2），D 表示双字。需注意以下两点：

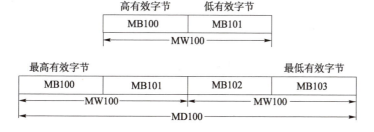

图 7－2 字节、字和双字

①用组成双字的编号最小的字节 MB100 的编号作为双字 MD100 的编号。

②组成双字 MD100 的编号最小的字节 MB100 为 MD100 的最高位字节，编号最大的字节 MB103 为 MD100 的最低位字节。字也有类似的特点。

4. 整数

一共有 6 种整数（见表 7-1），SInt 和 USInt 分别为 8 位的短整数和无符号短整数，Int 和 UInt 分别为 16 位的整数和无符号整数，DInt 和 UDInt 分别为 32 位的双整数和无符号双整数。所有整数的符号中均有 Int。符号中带 S 的为 8 位整数（短整数）。带 D 的为 32 位双整数，不带 S 和 D 的为 16 位整数。带 U 的为无符号整数，不带 U 的为有符号整数。有符号整数的最高位为符号位，最高位为 0 时为正数，为 1 时为负数。有符号整数用补码来表示。

5. 浮点数

32 位的浮点数（Real）又称为实数，最高位（第 31 位）为浮点数的符号位（见图 7-3）。正数时为 0，负数时为 1，规定尾数的整数部分总是为 1，第 0～22 位为尾数的小数部分。8 位指数加上偏移量 127 后（0～255），放在第 23～30 位。

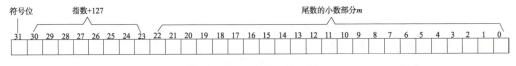

图 7-3 浮点数的结构

浮点数的优点是用很小的存储空间（4 B）就可以表示非常大和非常小的数。PLC 输入和输出的数值大多数是整数，如 AI 模块的输出值和 AQ 模块的输入值。用浮点数来处理这些数据需要进行整数和浮点数之间的相互转换，浮点数的运算速度比整数的运算速度慢一些。在编程软件中，用十进制小数来输入或显示浮点数，如 50 是整数，而 50.0 为浮点数。

LReal 为 64 位长浮点数，它的最高位为符号位。尾数的整数部分总是 1，第 0～51 为尾数的小数部分。11 位的指数加上偏移量 1 023 后（0～2 047），放在第 52～62 位。浮点数 Real 和长浮点数 LReal 的精度最高为十进制 6 位和 15 位有效数字。

6. 时间与日期

Time（时间）是有符号双整数，其单位为 ms，能表示的最大时间为 24 天多。Date（日期）为 16 位无符号整数，TOD（TIME_OF_DAY）为从指定日期的 0 时算起的毫秒数（无符号双整数）。其常数必须指定小时（24 小时/天）、分钟和秒，ms 是可选的。

数据类型 DTL 的 12 个字节为年（占 2B）、月、日、星期的代码、小时、分、秒（各占 1 B）和纳秒（占 4 B），均为 BCD 码。星期日、星期一～星期六的代码分别为 1～7。可以在块的临时存储器或者 DB 中定义 DTL 数据。

7. 字符

每个字符（Char）占一个字节，Char 数据类型以 ASCII 码格式存储。WChar（宽字符）占两个字节，可以存储汉字和中文的标点符号。字符常量用英语的单引号来表示，如'A'。

知识点二　S7-1200 PLC 比较指令

（配套视频 14、项目七任务一——比较指令）

比较指令

1. CMP 比较指令

比较指令用来比较数据类型相同的两个操作数的大小。比较指令的指令标识是 CMP，其指令格式如图 7-4 所示。上下的问号用来比较的两个操作数，操作数可以是 I、Q、M、L、D 存储区中的变量或常数。

图 7-4　比较指令格式

可以将比较指令视为一个等效的触点，中间的符号是比较条件，S7-1200 中的 CMP 比较指令共有 6 个（见图 7-5），比较条件可以是" ＝＝ "等于，" ＜＞ "不等于，" ＜＝ "小于等于，" ＞＝ "大于等于，" ＜ "小于，" ＞ "大于。满足比较关系式给出的条件时，等效触点接通。注意，当比较两个字符串时，只能比较两个字符串是否相等，实际比较的是两个字符串各对应字符的 ASCII 码的大小，第一个不相同的字符决定了比较的结果。

生成比较指令后，双击触点中间比较条件下方的问号，可以下拉选择设置要比较的数的数据类型（见图 7-6）。数据类型可以是位字符串、整数、浮点数、字符串、TIME、DATE、TOD 和 DLT。比较指令的比较符号也可以修改，双击比较符号，可以用下拉式列表修改比较符号。

图 7-5　比较条件　　　　　　　　图 7-6　比较的数据类型

比较指令的应用如图 7-7 所示，当变量存储器 MW100 中的数值大于等于 34，并且小于等于 134 时，比较触点接通，线圈 Q0.3 中有信号流流通，运行指示灯点亮。

图 7-7　比较指令的应用

2. 值在范围内与值超出范围指令

值在范围内指令 IN_RANGE 与值超出范围指令 OUT_RANGE 分别如图 7-8 和图 7-9 所示，其中 MIN 是范围的最小值，MAX 是范围的最大值，VAL 是给定的操作数。注意，MIN、

MAX 和 VAL 的数据类型必须相同，可选整数和实数，可以是 I、Q、M、L、D 存储区中的变量或常数。

图 7 - 8 值在范围内指令　　　　　　　　图 7 - 9 值超出范围指令

值在范围内指令用来判断操作数是否在范围内，在范围内时，等效触点闭合，指令输出状态为 1。"值超出范围"指令用来判断操作数不在范围内时，等效触点闭合，指令输出状态为 1。

值在范围内指令与值超出范围指令的应用如图 7 - 10 所示，当 IN_RANGE 指令的参数 VAL 满足 3 752≤MW22≤27 535，或 OUT_RANGE 指令的参数 VAL 满足 MB20 < 24 或 MB20 > 124 时，等效触点闭合，线圈 Q0.0 中有信号流流通。

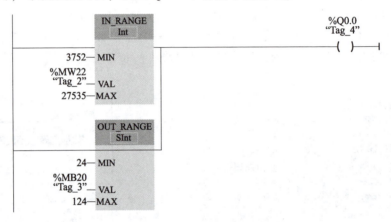

图 7 - 10 值在范围内指令与值超出范围指令的应用

3. OK 和 NOT OK 触点指令

OK 和 NOT OK 触点指令，可用来检查是否是有效或无效的浮点数，其指令的应用如图 7 - 11 所示。当 MD100 和 MD104 中为有效的浮点数时，才会使 Q0.0 置位输出。

图 7 - 11 OK 和 NOT OK 触点指令的应用

知识点三　比较指令和定时器构成闪烁电路

使用比较指令和定时器构成闪烁电路，要求开关 I0.0 接通时，指示灯 Q0.0 灭 4 s 亮

6 s，灭 4 s 亮 6 s，循环闪烁。波形图如图 7-12 所示。

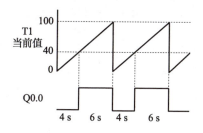

图 7-12　闪烁电路波形图

在本例程序中，当 I0.0 开关接通后，用定时器 T1 设置输出 10 s 的时间（脉冲宽度），Q0.0 的闪烁由定时器当前值与 4 s 进行比较，梯形图如图 7-13 所示。

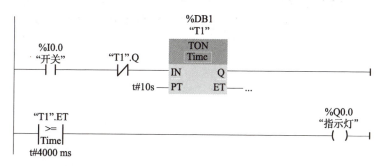

图 7-13　比较指令与定时器构成闪烁电路梯形图

"T1". Q 是接通延时定时器 TON 的位输出，当 I0.0 开关接通后，TON 的 IN 输入端为 1 状态，TON 的当前值 ET 从 0 开始不断增大。根据比较条件，当当前值 ET 大于等于 4 000 ms 时，Q0.0 变为 1 状态，直到当前值等于设定值 10 s 时，"T1". Q 变为 1 状态，其常闭触点断开，定时器被复位，ET 变为 0，Q0.0 又变为 0 状态。下一扫描周期 "T1". Q 常闭触点再接通，定时器又开始定时，则 Q0.0 的输出就为灭 4 s 亮 6 s，灭 4 s 亮 6 s，循环闪烁。

可以看出 Q0.0 为 1 状态的时间取决于比较触点下面操作数的值，改变此值即可改变脉冲宽度，因此用接通延时定时器和比较指令可组成占空比可调的脉冲发生器。

讨论题 1：如何使用值在范围内与值超出范围指令和定时器构成闪烁电路？

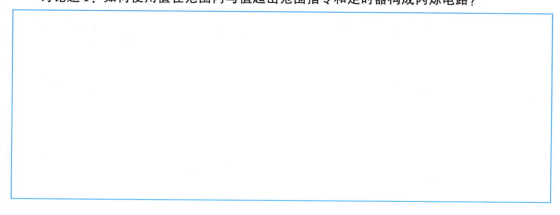

任务工单

任务工单

任务名称	物品质量分类控制系统设计	指导老师	
姓名、学号		班级	
组别		组长	
组员姓名			
任务要求	在物品运输和存储中都是按照物品的质量进行分类存放和计价的,可分为 0~5 kg,5~10 kg,10~20 kg,20~50 kg,50~100 kg 等多个等级,使用 PLC 设计物品按质量分类		
材料清单			
资讯与参考			
决策与方案			
实施步骤与过程记录			
检查与评价	自我检查记录		
	结果记录		
文档清单	列写本任务完成过程中涉及的所有文档,并提供纸质或电子文档		

序号	文档名称	电子文档存储路径	完成时间	负责人

任务实施

(1) 根据项目分析,对 PLC 的输入量、输出量进行分配,列出 I/O 分配表,明确线路使用了哪些电气元件。

(2) 根据控制要求及列出的 I/O 分配表,绘制 PLC 硬件接线图,并进行 PLC 硬件接线。

(3) 在 TIA 博途软件中创建一个工程项目,并命名为"物品质量分类"。根据要求编写梯形图程序,运行程序,并分析程序的运行过程和结果。

任务评价

1. 小组互评

小组互评任务验收单

任务名称	物品质量分类控制系统设计		验收结论	
验收负责人			验收时间	
验收成员				
任务要求	在物品运输和存储中都是按照物品的质量进行分类存放和计价的,可分为 0~5 kg、5~10 kg、10~20 kg、20~50 kg、50~100 kg 等多个等级,使用 PLC 设计物品按质量分类			
实施方案确认				
文档接收清单	接收本任务完成过程中涉及的所有文档			
	序号	文档名称	接收人	接收时间
验收评分	配分表			
	考核内容	评分标准	配分	得分
	I/O 分配表	I/O 分配正确(10 分,错一处扣 5 分)	10 分	
	硬件接线	输入信号接线(10 分,错一处扣 5 分); 输出信号接线(10 分,错一处扣 5 分)	20 分	
	熟练使用软件调试	通信设置(10 分,无法通信不得分); 程序编译正确(10 分,错一处扣 5 分); 下载到 PLC(10 分,无法下载不得分)	30 分	
	运行情况	运行正确(35 分); 需指导(一次错误扣 5 分)	35 分	
	安全规范操作	如有带电接线操作,一次扣 5 分; 损坏元器件,一次扣 2 分; 工作台面保持干净整洁,所用工具摆放整齐有序,否则扣 5 分	5 分	
效果评价				

2. 教师评价

教师评价任务验收单

任务名称	物品质量分类控制系统设计	验收结论	
验收教师		验收时间	
任务要求	在物品运输和存储中都是按照物品的质量进行分类存放和计价的，可分为 0～5 kg，5～10 kg，10～20 kg，20～50 kg，50～100 kg 等多个等级，使用 PLC 设计物品按质量分类		
实施方案确认			

文档接收清单：接收本任务完成过程中涉及的所有文档

序号	文档名称	接收人	接收时间

验收评分：配分表

考核内容	评分标准	配分	得分
I/O 分配表	I/O 分配正确（10 分，错一处扣 5 分）	10 分	
硬件接线	输入信号接线（10 分，错一处扣 5 分）；输出信号接线（10 分，错一处扣 5 分）	20 分	
熟练使用软件调试	通信设置（10 分，无法通信不得分）；程序编译正确（10 分，错一处扣 5 分）；下载到 PLC（10 分，无法下载不得分）	30 分	
运行情况	运行正确（35 分）；需指导（一次错误扣 5 分）	35 分	
安全规范操作	如有带电接线操作，一次扣 5 分；损坏元器件，一次扣 2 分；工作台面保持干净整洁，所用工具摆放整齐有序，否则扣 5 分	5 分	

效果评价	

任务总结

（1）总结位、字节、字、双字数据类型之间的关系。

(2) 总结使用比较指令的注意事项。

思考与练习

(1) 除了可以使用定时器指令和比较指令构成闪烁电路，还可以使用什么指令构成闪烁电路？设计梯形图程序。

(2) 设计一个十字路口交通灯控制方案。

设计要求：①信号灯受一个启动开关控制，当启动开关断开时，所有信号灯都熄灭。②接通启动开关，信号灯系统开始工作：一个方向红灯点亮并维持 25 s；同时另一方向绿灯点亮 20 s 后，绿灯闪亮 3 s 熄灭；点亮黄灯，并维持 2 s；之后交通灯切换方向，周而复始。十字路口交通灯示意如图 7-14 所示。

图 7-14　十字路口交通灯示意

任务二　物品计数控制系统设计

学习目标

（1）理解 S7-1200 PLC 计数器指令的工作原理。
（2）掌握计数器指令的程序分析方法。
（3）能够正确应用计数器指令编写控制程序。

任务描述

物品通过传送带运送并进行计数。要求：按下启动按钮，传送带开始运行。用光电开关检测传送带上通过的物品并计数，有物品通过时光电开关接通，每达到 50 个物品时发出一个信号。如果在 10 s 内没有物品通过，则指示灯闪烁报警，用外接的复位按钮可解除报警信号。按下"停止"按钮，传送带停止运行，停止计数。

任务引导

引导问题 1：计数功能可以应用在哪些领域？

引导问题 2：PLC 控制产品计数可以使用什么指令实现？

知识链接

计数器指令

知识点一　S7-1200 PLC 计数器指令
（配套视频 15、项目七任务二——计数器指令）

计数器指令用于对输入脉冲信号计数。S7-1200 PLC 中使用符合 IEC 标准的计数器指令。S7-1200 PLC 中有三种计数器，分别是加计数器 CTU、减计数器 CTD 和加减计数器

CTUD。它们属于软件计数器,其最大计数频率受到 OB1 扫描周期的限制,如果需要使用频率更高的计数器,可以使用 CPU 内置的高速计数器指令。

1. 加计数器 CTU 指令

加计数器的指令标识为 CTU,它的指令格式如图 7-15 所示。其中 CU 是加计数器输入端,CV 为计数器当前值,在 CU 由 0 状态变为 1 状态时(信号的上升沿),当前值 CV 被加 1。PV 为预设值,Q 为输出,R 为复位输入。CU、CD、R、Q 均为 Bool 变量。

IEC 计数器指令属于函数块,调用时需要生成保存计数器数据的背景数据块。将计数器指令拖放到梯形图中的适当位置,在出现的调用选项对话框中,可以修改默认的背景数据块名称,如图 7-16 所示。IEC 计数器没有编号,可以用背景数据块的名称来做计数器的标示符,背景数据块的名称和编号可以使用默认的,也可自行更改,如改为"C1"或"牛奶盒计数"等。

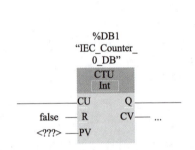

图 7-15 CTU 指令格式

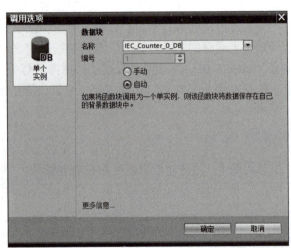

图 7-16 计数器"调用选项"对话框

单击方框 CTU 下面的三个问号(见图 7-17),再单击问号右边出现的下拉按钮,通过下拉式列表选择适合的数据类型。PV 和 CV 可以使用的数据类型见图 7-17 的下拉列表。各变量均可使用 I(仅用于输入变量)、Q、M、D 和 L 存储区,PV 还可以使用常数。

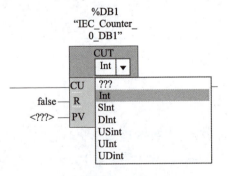

图 7-17 设置计数器的数据类型

当接在 R 输入端的 I1.1 为 0 状态（见图 7-18），在 CU 输入端信号的上升沿时，当前值 CV 加 1，直到 CV 达到指定数据类型的上限值。此后 CU 输入的状态变化不再起作用，CV 的值不再增加。

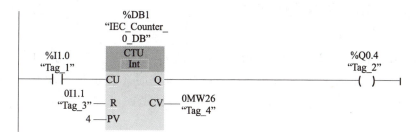

图 7-18 加计数器

CV 大于等于预设值 PV 时，输出 Q 为 1 状态，反之为 0 状态。第一次执行指令时，CV 被清零。各类计数器的复位输入 R 为 1 状态时，计数器被复位，输出 Q 变为 0 状态，CV 被清零。图 7-19 所示为加计数器的波形图。

2. 减计数器 CTD 指令

减计数器的指令标识为 CTD，指令格式如图 7-20 所示，其中输入 CD 为启动输入端，CV 为减计数器当前值，在 CD 由 0 状态变为 1 状态时（信号的上升沿），当前值 CV 被减 1。PV 为预设值，Q 为输出，LD 为装载端。

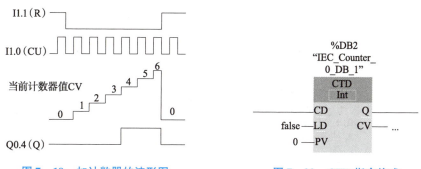

图 7-19 加计数器的波形图　　图 7-20 CTD 指令格式

图 7-21 中减计数器的装载输入 LD 为 1 状态时，输出 Q 被复位为 0，并把预设值 PV 的值装入 CV。LD 为 1 状态时，减计数器输入 CD 不起作用。

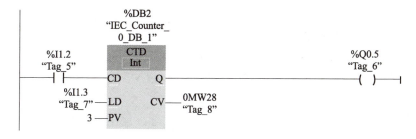

图 7-21 减计数器

项目七　智能仓储控制系统设计　191

LD 为 0 状态时，在减计数输入 CD 的上升沿，CV 减 1，直到 CV 达到指定数据类型的下限值。此后 CD 输入的状态变化不再起作用，CV 的值不再减小。

CV 小于等于 0 时，输出 Q 为 1 状态，反之 Q 为 0 状态。第一次执行指令时，CV 被清零。图 7-22 所示为减计数器的波形图。

3. 加减计数器 CTUD 指令

加减计数器的指令标识为 CTUD，指令格式如图 7-23 所示，其中 CU 和 CD 分别是加计数输入和减计数输入，在 CU 或 CD 由 0 状态变为 1 状态时（信号的上升沿），当前值 CV 被加 1 或减 1。PV 为预设值，QU 和 QD 为输出，LD 为装载端，R 为复位输入。

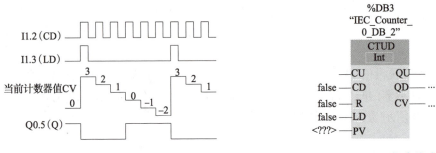

图 7-22　减计数器的波形图　　　　图 7-23　CTD 指令格式

在加减计数器的加计数输入 CU 的上升沿（见图 7-24），当前值 CV 加 1，CV 达到指定数据类型的上限值时不再增加。在减计数输入 CD 的上升沿，CV 减 1，CV 达到指定数据类型的下限值时不再减小。

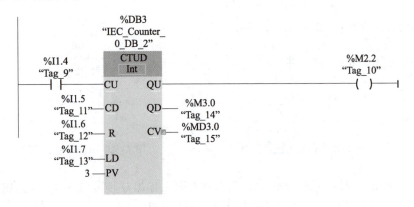

图 7-24　加减计数器

如果同时出现计数脉冲 CU 和 CD 的上升沿，CV 保持不变。CV 大于等于 PV 时，输出 QU 为 1，反之为 0。CV 小于等于 0 时，输出 QD 为 1，反之为 0。

装载输入 LD 为 1 状态时，预设值 PV 被装入当前值 CV，输出 QU 变为 1 状态，QD 被复位为 0 状态。

复位输入 R 为 1 状态时，计数器被复位，CV 被清零，输出 QU 变为 0 状态，QD 变为 1 状态，CU、CD 和 LD 不再起作用。图 7-25 所示为加减计数器的波形图。

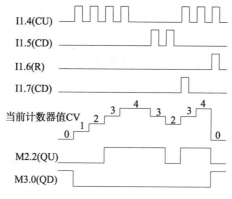

图 7-25 加减计数器的波形图

知识点二　用计数器指令设计展厅入口统计报警装置

展厅入口处安装光电检测装置 I0.0，进入一人发出一高电平信号；展厅出口处安装光电检测装置 I0.1，退出一人发出一高电平信号；展厅只能容纳 100 人。当厅内达到 100 人时，发出报警信号 Q0.0，并自动关闭入口。有人退出，不足 100 人时，则打开大门。开门到位信号 I0.2，关门到位信号 I0.3。按下复位按钮 I0.4 可以对此装置复位。

分析：在本例程序中，可以使用加减计数器 CTUD。展厅入口处安装的光电检测装置 I0.0 接入 CTUD 的加计数输入 CU 端，出口处安装的光电检测装置 I0.1 接入 CTUD 的减计数输入 CD 端。预设值 PV 为 100。复位按钮 I0.4 接入加减计数器的复位 R 端。该展厅入口统计报警装置梯形图如图 7-26 所示。

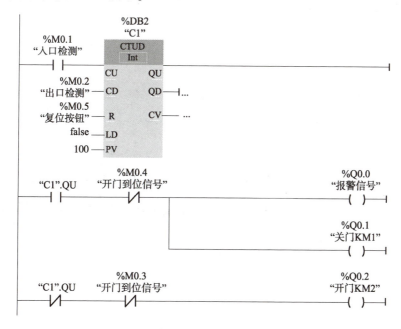

图 7-26　展厅入口统计报警装置梯形图

任务工单

任务工单

任务名称	物品计数控制系统设计	指导老师	
姓名、学号		班级	
组别		组长	
组员姓名			
任务要求	物品通过传送带运送并进行计数。要求：按下启动按钮，传送带开始运行。用光电开关检测传送带上通过的物品并计数，有物品通过时光电开关接通，每达到50个物品时发出一个信号。如果在 10 s 内没有物品通过，则指示灯闪烁报警，用外接的复位按钮可解除报警信号。按下停止按钮，传送带停止运行，停止计数		
材料清单			
资讯与参考			
决策与方案			
实施步骤与过程记录			
检查与评价	自我检查记录		
	结果记录		
文档清单	列写本任务完成过程中涉及的所有文档，并提供纸质或电子文档				
	序号	文档名称	电子文档存储路径	完成时间	负责人

任务实施

（1）根据项目分析，对 PLC 的输入量、输出量进行分配，列出 I/O 分配表，明确线路用了哪些电气元件。

（2）根据控制要求及列出的 I/O 分配表，绘制 PLC 硬件接线图，并进行 PLC 硬件接线。

（3）在 TIA 博途软件中创建一个工程项目，并命名为"物品计数"。根据要求编写梯形图程序，运行程序，并分析程序的运行过程和结果。

任务评价

1. 小组互评

小组互评任务验收单

任务名称	物品计数控制系统设计	验收结论	
验收负责人		验收时间	
验收成员			
任务要求	物品通过传送带运送并进行计数。要求：按下启动按钮，传送带开始运行。用光电开关检测传送带上通过的物品并计数，有物品通过时光电开关接通，每达到50个物品时发出一个信号。如果在10 s内没有物品通过，则指示灯闪烁报警，用外接的复位按钮可解除报警信号。按下停止按钮，传送带停止运行，停止计数		
实施方案确认			
文档接收清单	接收本任务完成过程中涉及的所有文档 | 序号	文档名称	接收人	接收时间 | |---|---|---|---| | | | | | | | | | | | | | | | | | | | |		

配分表

考核内容	评分标准	配分	得分
I/O 分配表	I/O 分配正确（10分，错一处扣5分）	10 分	
硬件接线	输入信号接线（10分，错一处扣5分）； 输出信号接线（10分，错一处扣5分）	20 分	
熟练使用软件调试	通信设置（10分，无法通信不得分）； 程序编译正确（10分，错一处扣5分）； 下载到PLC（10分，无法下载不得分）	30 分	
运行情况	运行正确（35分）； 需指导（一次错误扣5分）	35 分	
安全规范操作	如有带电接线操作，一次扣5分； 损坏元器件，一次扣2分； 工作台面保持干净整洁，所用工具摆放整齐有序，否则扣5分	5 分	

效果评价	

2. 教师评价

教师评价任务验收单

任务名称	物品计数控制系统设计		验收结论	
验收教师			验收时间	
任务要求	物品通过传送带运送并进行计数。要求：按下启动按钮，传送带开始运行。用光电开关检测传送带上通过的物品并计数，有物品通过时光电开关接通，每达到 50 个物品时发出一个信号。如果在 10 s 内没有物品通过，则指示灯闪烁报警，用外接的复位按钮可解除报警信号。按下停止按钮，传送带停止运行，停止计数			
实施方案确认				
文档接收清单	接收本任务完成过程中涉及的所有文档			
	序号	文档名称	接收人	接收时间
验收评分	配分表			
	考核内容	评分标准	配分	得分
	I/O 分配表	I/O 分配正确（10 分，错一处扣 5 分）	10 分	
	硬件接线	输入信号接线（10 分，错一处扣 5 分）； 输出信号接线（10 分，错一处扣 5 分）	20 分	
	熟练使用软件调试	通信设置（10 分，无法通信不得分）； 程序编译正确（10 分，错一处扣 5 分）； 下载到 PLC（10 分，无法下载不得分）	30 分	
	运行情况	运行正确（35 分）； 需指导（一次错误扣 5 分）	35 分	
	安全规范操作	如有带电接线操作，一次扣 5 分； 损坏元器件，一次扣 2 分； 工作台面保持干净整洁，所用工具摆放整齐有序，否则扣 5 分	5 分	
效果评价				

任务总结

（1）总结加计数器指令、减计数器指令、加减计数器指令的工作原理。

（2）分别说明加计数器指令、减计数器指令、加减计数器指令可以应用在哪些方面。

思考与练习

使用计数器指令设计料箱料位报警装置。

要求：料箱盛料过少时，低限位开关 I0.0 为 ON，Q0.0 控制报警灯闪动，10 次后自动停止报警。按复位按钮 I0.1 也停止报警。请给出合理的解决方案。

任务三　物品出入库统计控制系统设计

学习目标

（1）理解 S7-1200 PLC 数学运算指令的工作原理。
（2）理解 S7-1200 PLC 转换指令的工作原理。
（3）理解 S7-1200 PLC 移动指令的工作原理。
（4）能够正确应用数学运算指令、转换指令、移动指令编写控制程序。

任务描述

仓库中共有 1 000 个库位，用光电检测开关 1 检测入库的产品并计数，用光电检测开关 2 检测出库的产品并计数。要求对产品出入库进行统计，计算剩余库位数与入库百分比。

任务引导

引导问题 1：剩余库位数如何计算？

引导问题 2：入库百分比如何计算？

引导问题 3：在 PLC 中如何进行数学运算？

知识点一　S7-1200 PLC 数学运算指令

1. 四则运算指令

数学函数指令中的 ADD、SUB、MUL 和 DIV 分别是加、减、乘、除指令四则运算，其指令格式如图 7-27 所示。使用时单击指令"问号"位置，可以从下拉列表中选择操作数的数据类型，操作数的数据类型可选整数（SInt、Int、DInt、USInt、UDInt）和浮点数 REAL，IN1 和 IN2 可以是常数，IN1、IN2 和 OUT 的数据类型应相同。

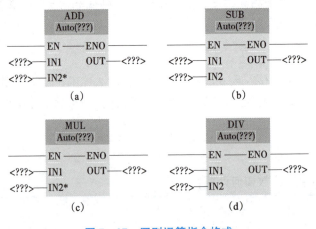

图 7-27　四则运算指令格式

(a) 加；(b) 减；(c) 乘；(d) 除

其中整数除法指令将得到的商截尾取整后，作为整数格式的输出 OUT。

ADD 和 MUL 指令允许有多个输入，单击方框中参数 IN2 后面的星号，将会增加输入 IN3，以后增加的输入的编号依次递增。

例 1：编程实现，当 M0.0 接通时，求 500+400-300，并将结果放入 MW3 中。该例中操作数均为整数，在加法指令和减法指令中选择数据类型为 Int，其程序如图 7-28 所示。

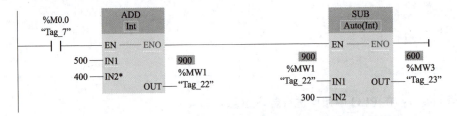

图 7-28　例 1 程序

例 2：编程实现，当 M0.1 接通时，求 34.5×11.2÷2.5，并将结果放入 MD54 中。该例中操作数均为实数，在乘法指令和除法指令中选择数据类型为 Real，其程序如图 7-29 所示。

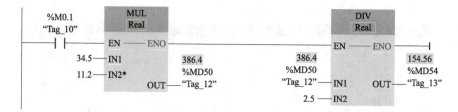

图 7-29 例 2 程序

2. CALCULATE "计算"指令

可以用"计算"指令 CALCULATE 定义和执行数学表达式,根据所选的数据类型执行复杂的数学运算或逻辑运算,其指令格式如图 7-30 所示。

单击指令框中间的问号,通过下拉式列表可以选择该指令的数据类型。根据所选的数据类型,双击指令框中间的数学表达式方框,打开图 7-31 所示的对话框,可以输入待计算的表达式,表达式只能使用方框内的输入参数 INn 和运算符。可增加输入参数的个数。

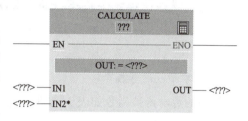

图 7-30 CALCULATE 指令格式

图 7-31 CALCULATE 指令对话框

例 3:编程实现,当 I0.2 接通时,计算 $(a+b) \times c \div d$,其中 a、b、c、d 均为实数,分别存储在 MD20、MD24、MD28、MD32 中。输出存储在 MD36 中。

该例的梯形图程序如图 7-32 所示。单击指令框中间的问号,选择该指令的数据类型为 Real。双击指令框中间的数学表达式方框,在对话框中输入待计算的表达式(见图 7-33)。

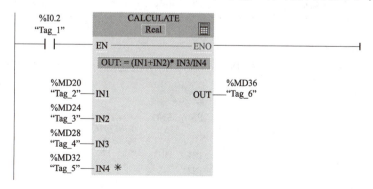

图 7-32 例 3 程序

图 7-33 例 3 程序 CALCULATE 指令对话框

3. 数学函数运算指令

常用的数学函数指令如表 7-2 所示。

表 7-2 常用的数学函数指令

梯形图	描述	梯形图	描述
ADD	加 IN1 + IN2 = OUT	SQR	计算平方 IN^2 = OUT
SUB	减 IN1 - IN2 = OUT	SQRT	计算平方根 $\sqrt{IN}$ = OUT
MUL	乘 IN1 * IN2 = OUT	LN	计算自然对数 LN(IN) = = OUT
DIV	除 IN1/IN2 = OUT	EXP	计算指数值 e^{IN} = OUT
MOD	返回除法的余数	SIN	计算正弦值 sin(IN) = OUT
NEG	将输入值的符号取反（求二进制的补码）	COS	计算余弦值 cos(IN) = OUT
INC	将参数 IN/OUT 的值加 1	TAN	计算正切值 tan(IN) = OUT
DEC	将参数 IN/OUT 的值减 1	ASIN	计算反正弦值 arcsin(IN) = OUT
ABS	求有符号整数和实数的绝对值	ACOS	计算反余弦值 arccos(IN) = OUT
MIN	获取最小值	ATAN	计算反正切值 arctan(IN) = OUT
MAX	获取最大值	EXPT	取幂 $IN1^{IN2}$ = OUT
LIMIT	将输入值限制在指定的范围内	FRAC	提取小数

例 4：求 45°正弦值。

先将 45°转换为弧度：(3.141 59/180) *45，再求正弦值。该例的程序如图 7-34 所示。

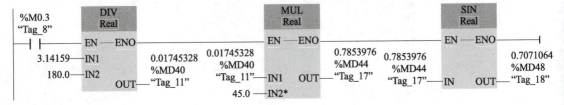

图 7-34 例 4 程序

知识点二 S7-1200 PLC 转换操作指令

S7-1200 PLC 的转换操作指令包括转换指令、取整和截取指令、上取整和下取整指令、标定和标准化指令。

1. 转换指令

CONVERT（CONV）指令是将数据从一种数据类型转换为另一种数据类型，其指令格式如图 7-35 所示。使用时单击指令"问号"位置，可以从下拉列表中选择输入数据的类型和输出数据的类型。

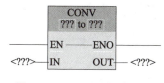

图 7-35 CONV 指令格式

如图 7-36 所示，EN 输入端有能流流入时，CONV 指令将输入 IN 指定的数据类型转换为 OUT 指定的数据类型。转换前后的数据类型可以是整数、双整数、实型、无符号短整型、无符号整型、无符号双整型、短整型、长实型、字、双字、字节、BCD 码等。图 7-36 所示的 CONV 中 M0.1 的常开触点接通时，执行 CONV 指令，将 MB100 中的数转换为双整数后送到 MD106。

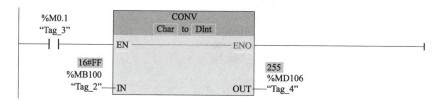

图 7-36 CONV 指令

2. 取整和截取指令

取整指令（ROUND）用于将实数转换为整数。实数的小数部分舍入为最接近的整数值。如果实数刚好是两个连续整数的一半，则实数舍入为偶数。例如，ROUND(10.5) = 10 或 ROUND(11.5) = 12。

截取指令（TRUNC）用于将实数转换为整数。实数的小数部分被截成零。

例 5：如图 7-37 所示，11.5 经截取指令（TRUNC）将小数部分截成零，实数转换为整数 11。11.5 经取整指令（ROUND）进行取整，转换为偶数 12。

图 7-37 取整和截取指令

3. 上取整和下取整指令

上取整指令（CEIL）将实数转换为大于或等于所选实数的最小整数。下取整指令（FLOOR）将实数转换为小于或等于所选实数的最大整数。

例6：如图7-38所示，11.5经上取整指令转换为整数12，经下取整指令转换为整数11。

图7-38　上取整和下取整指令

知识点三　S7-1200 PLC 移动值指令

移动值指令MOVE（见图7-39）用于将IN输入的源数据传送给OUT1输出的目的地址，并且转换为OUT1允许的数据类型（与是否进行IEC检查有关），源数据保持不变。MOVE指令的IN和OUT1可以是Bool之外所有的基本数据类型，如数据类型DTL、Struct、Array，IN还可以是常数。

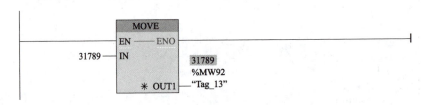

图7-39　MOVE指令格式

如果IN数据类型的位长度超出OUT1数据类型的位长度，源值的高位丢失。如果IN数据类型的位长度小于输出OUT1数据类型的位长度，目标值的高位被改写为0。

MOVE指令允许有多个输出，单击"OUT1"前面的星号，将会增加一个输出，增加的输出名称为OUT2，以后增加的输出编号按顺序排列。用鼠标右键单击某个输出的短线，执行快捷菜单中的"删除"命令，将会删除该输出参数，删除后自动调整剩下的输出的编号。

知识点四　编程实现公式计算

编程实现公式计算 $c = \sqrt{a^2 + b^2}$，其中 a 为整数，存储在MW0中；b 为整数，存储在MW2中；c 为实数，存储在MD16中。

程序如图7-40所示，第1段程序中计算了"$a*a+b*b$"，结果为整数存储在MW8中。由于求平方根指令的操作数只能为实数，因此在第2段程序中先通过转换指令CONV将整数转换为实数，再进行开平方。

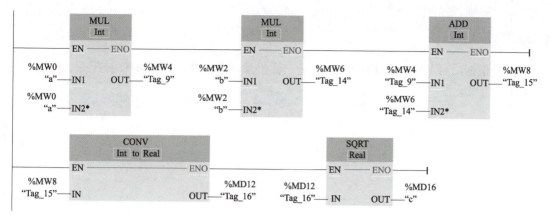

图 7-40 公式计算程序

任务工单

任务工单

任务名称	物品出入库统计控制系统设计	指导老师	
姓名、学号		班级	
组别		组长	
组员姓名			
任务要求	仓库中共有 1 000 个库位,用光电检测开关 1 检测入库的产品并计数,用光电检测开关 2 检测出库的产品并计数。要求对产品出入库进行统计,计算剩余库位数与入库百分比		
材料清单			
资讯与参考			
决策与方案			
实施步骤与过程记录			
检查与评价	自我检查记录		
	结果记录		
文档清单	列写本任务完成过程中涉及的所有文档,并提供纸质或电子文档			
	序号	文档名称	电子文档存储路径	完成时间	负责人

项目七 智能仓储控制系统设计　　205

(1) 根据项目分析,对 PLC 的输入量、输出量进行分配,列出 I/O 分配表,明确线路用了哪些电气元件。

(2) 根据控制要求及列出的 I/O 分配表,绘制 PLC 硬件接线图,并进行 PLC 硬件接线。

(3) 在 TIA 博途软件中创建一个工程项目,并命名为"物品出入库统计"。根据要求编写梯形图程序,运行程序,并分析程序的运行过程和结果。

任务评价

1. 小组互评

小组互评任务验收单

任务名称	物品出入库统计控制系统设计		验收结论	
验收负责人			验收时间	
验收成员				
任务要求	仓库中共有1 000个库位,用光电检测开关1检测入库的产品并计数,用光电检测开关2检测出库的产品并计数。要求对产品出入库进行统计,计算剩余库位数与入库百分比			
实施方案确认				
文档接收清单	接收本任务完成过程中涉及的所有文档			
	序号	文档名称	接收人	接收时间
验收评分	配分表			
	考核内容	评分标准	配分	得分
	I/O 分配表	I/O 分配正确(10 分,错一处扣 5 分)	10 分	
	硬件接线	输入信号接线(10 分,错一处扣 5 分); 输出信号接线(10 分,错一处扣 5 分)	20 分	
	熟练使用软件调试	通信设置(10 分,无法通信不得分); 程序编译正确(10 分,错一处扣 5 分); 下载到 PLC(10 分,无法下载不得分)	30 分	
	运行情况	运行正确(35 分); 需指导(一次错误扣 5 分)	35 分	
	安全规范操作	如有带电接线操作,一次扣 5 分; 损坏元器件,一次扣 2 分; 工作台面保持干净整洁,所用工具摆放整齐有序,否则扣 5 分	5 分	
效果评价				

项目七 智能仓储控制系统设计

2. 教师评价

教师评价任务验收单

任务名称	物品出入库统计控制系统设计	验收结论	
验收教师		验收时间	
任务要求	仓库中共有 1 000 个库位，用光电检测开关 1 检测入库的产品并计数，用光电检测开关 2 检测出库的产品并计数。要求对产品出入库进行统计，计算剩余库位数与入库百分比		
实施方案确认			

文档接收清单：接收本任务完成过程中涉及的所有文档

序号	文档名称	接收人	接收时间

配分表

考核内容	评分标准	配分	得分
I/O 分配表	I/O 分配正确（10 分，错一处扣 5 分)	10 分	
硬件接线	输入信号接线（10 分，错一处扣 5 分）； 输出信号接线（10 分，错一处扣 5 分）	20 分	
熟练使用软件调试	通信设置（10 分，无法通信不得分）； 程序编译正确（10 分，错一处扣 5 分）； 下载到 PLC（10 分，无法下载不得分）	30 分	
运行情况	运行正确（35 分）； 需指导（一次错误扣 5 分）	35 分	
安全规范操作	如有带电接线操作，一次扣 5 分； 损坏元器件，一次扣 2 分； 工作台面保持干净整洁，所用工具摆放整齐有序，否则扣 5 分	5 分	

效果评价

任务总结

总结在 PLC 中编程实现公式计算需要注意哪些问题。

思考与练习

设计完成公式计算。

一圆的半径值（<1 000 的整数）存放在 VW100 中，取 π = 3.14，计算圆周长，结果四舍五入转为整数后，存放在 MW200 中。请给出合理的解决方案。

任务四 仓库运载机构步进驱动定位运输

学习目标

（1）理解步进系统及其工作原理。
（2）掌握运动控制指令的功能。
（3）掌握 PLC 工艺轴配置步骤。
（4）具备使用运动控制指令编写程序的能力。

任务描述

在仓库中存放物品是由运载机构将物品连同托盘运送至仓库区码放至不同的存储位置。由步进电动机驱动系统带动运载机构水平移动。启动后，运载机构回原点接料，等待 3 s 后运送托盘与物料左行移动到达指定位置。延时 5 s，等待工作人员完成后续入库动作后，运载机构自动返回原点。在此过程中，按下停止按钮，装载小车即刻停止。注：步进电动机旋转一周需要 1 000 个脉冲。

任务引导

引导问题 1：什么是步进电动机？

引导问题 2：步进电动机是如何带动运载机构移动的？

引导问题 3：步进电动机的应用有哪些？

知识链接

知识点一 步进系统认知

1. 步进电动机

步进系统由步进驱动器和步进电动机组成。步进电动机如图7-41所示,是一种将电脉冲转化为角位移的执行机构。当步进驱动器接收到一个脉冲信号,它就驱动步进电动机按设定的方向转动一个固定的角度(称为"步距角"),配合以直线运动执行机构或齿轮箱装置,实现复杂、精密的线性运动。

通过控制脉冲个数可以控制角位移量,达到准确定位的目的;同时可以通过控制脉冲频率来控制电动机转动的速度和加速度,从而达到调速和定位的目的。

图7-41 步进电动机

步进电动机的相数是指电动机内部的线圈组数,常用的有二相、三相、四相、五相步进电动机。电动机相数不同,其步距角也不同,一般二相电动机的步距角为1.8°,三相电动机的步距角为1.2°,五相电动机的步距角为0.72°。在没有细分驱动器时,主要靠选择不同相数的步进电动机来满足步距角的要求。如果使用细分,只需在驱动器上改变细分数,就可以改变步距角。如步距角为1.8°的二相电动机,采用1 000的细分,步距角将被细分为0.001 8°,即接收一个脉冲,步进电动机旋转0.001 8°,大大提高了步进电动机的定位精度。

步进电动机一般用于开环伺服系统,由于没有位置反馈环节,位置控制的精度由步进电动机和进给丝杠等来决定。步进控制系统结构简单,价格较低,在要求不高的场合有广泛的应用。在数控机床领域中,大功率的步进电动机一般用在进给运动(工作台)控制上。

一般在电动机的铭牌或使用手册上会明确标示出电动机的步距角,可以通过式(7-1)计算出电动机每转一圈的步数,即

$$电动机每转一圈的步数 = 360°/步距角 \qquad (7-1)$$

在不使用细分时,步距角为1.8°的二相电动机,需要200个脉冲转动一圈,步距角为1.2°的三相电动机转动一圈需要300步。

2. 步进驱动器

步进电动机不能直接接到工频交流或直流电源上工作,而必须使用专用的步进驱动器,如图7-42所示。步进驱动器由脉冲发生控制单元、功率驱动单元和保护单元等组成。

一般在步进驱动器上会有一排DIP开关,用来设置驱动器的工作方式和工作参数。不同品牌的驱动器设置略有不同。以步科3M458 Kinco驱动器为例,其有8个DIP开关(见图7-43),上下拨动可以在打开与关闭间切换。每个开关的作用是预先设置好的,可以在步进驱动器产品侧面查询。

图7-42 步进驱动器

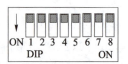

图7-43 步科3M458 Kinco 驱动器 DIP 开关

例1：一个步进电动机拖动丝杠上的滑台平动，已知丝杠螺距为 4 mm，若控制现场要求 PLC 每 10 000 个脉冲，滑台移动 4 cm，求步进驱动器细分设置。

解：螺距是指丝杠螺纹之间的距离，也就是丝杠每旋转一圈电动机拖动滑台行进的位移。已知丝杠螺距为 4 mm，控制现场要求 PLC 每 10 000 个脉冲，滑台移动 4 cm，因此，PLC 每 10 000 个脉冲需要丝杠（电动机）旋转 10 圈，电动机每转一圈的步数需要 1 000 个脉冲，所以细分设置为 1 000 步/转。

知识点二　PLC 的高速脉冲

S7-1200 PLC CPU 通过脉冲接口为步进电动机和伺服电动机的运行提供运动控制功能。DC/DC/DC 型 CPU S7-1200 PLC 上配备有用于直接控制驱动器的板载输出。继电器型 CPU 需要安装具有 DC 输出的信号板（SB）。不论是使用板载脉冲输出，还是信号板 SB 脉冲输出，或者是二者的组合，CPU 最多可以组态 4 个脉冲发生器。

每个脉冲发生器由 P0 与 P1 两路信号组成，对应 S7-1200 PLC CPU 数字输出的两个地址（具有默认的 I/O 分配，也可以在组态时修改）。CPU 或信号板的输出组态为脉冲发生器时，相应的输出地址不能再用作 PLC 数字输出。

S-1200 PLC CPU 的 4 个脉冲发生器可配置为 PTO 或 PWM 类型。脉冲宽度与脉冲周期之比称为占空比，PTO（方波脉冲列）功能提供周期可调、占空比为 50% 的方波脉冲串，PWM（脉冲宽度调制）功能提供周期、占空比均可以控制的脉冲串。

脉冲发生器产生的脉冲串驱动步进电动机或伺服电动机旋转，电动机旋转的转速取决于脉冲频率，而电动机旋转的方向也是由脉冲发生器提供的。脉冲发生器以什么方式提供脉冲和方向由脉冲发生器的信号类型设置。步进/伺服驱动器的信号类型有以下 4 个选项。

1）PTO（脉冲 A 和方向 B）

如图 7-44 所示 PTO（脉冲 A 和方向 B）选项，一个输出（P0）控制脉冲，另一个输出（P1）控制方向。如果 P1 为高电平，电动机正向旋转。如果 P1 为低电平，电动机负向旋转。

2）PTO（脉冲上升沿 A 和脉冲下降沿 B）

如图 7-45 所示，PTO（脉冲上升沿 A 和脉冲下降沿 B）选项，一个输出（P0）脉冲控制正方向，另一个输出（P1）脉冲控制负方向。

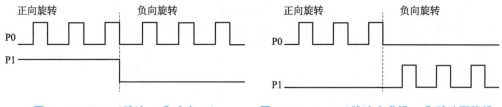

图 7-44 PTO（脉冲 A 和方向 B）　　　　图 7-45 PTO（脉冲上升沿 A 和脉冲下降沿 B）

3）PTO（A/B 相移）

如图 7-46 所示 PTO（A/B 相移）选项，两个输出均以指定速度产生脉冲，但相位相差为 90°。生成的脉冲数取决于 A 相脉冲数。相位关系决定了移动方向：P0 领先 P1 表示正向，P1 领先 P0 表示负向。

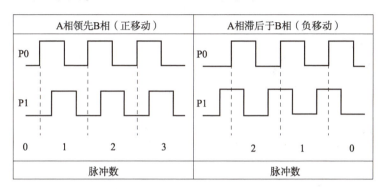

图 7-46 PTO（A/B 相移）

4）PTO（A/B 相移 – 四相频）

如图 7-47 所示 PTO（A/B 相移 – 四相频）选项，两个输出均以指定速度产生脉冲，但相位相差为 90°。相位关系决定了移动方向：P0 领先 P1 表示正向，P1 领先 P0 表示负向。四相取决于 A 相和 B 相的正向和负向转换。脉冲频率为 P0 或 P1 的 4 倍。

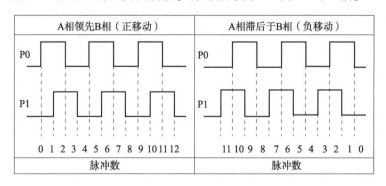

图 7-47 PTO（A/B 相移 – 四相频）

知识点三　PLC 的运动控制指令

在用户程序编制中，可以使用运动控制指令控制轴，这些指令能启动执行所需功能的运动控制任务，也可以从运动控制指令的输出参数中获取运动控制任务中的状态以及执行期间发生的任何错误，S7-1200 PLC 运动控制指令见表 7-3。

表 7-3 S7-1200 PLC 运动控制指令

指令	端子功能	
MC_Power：启用、禁用轴指令 指令功能： 　Enable = 1 按照 StartMode 指定方式启用工艺轴。 　Enable = 0 根据"StopMode"中断当前所有作业。停止并禁用轴。 注意事项： 　1. 启用轴，相当于接通驱动器的电源。 　2. 单击指令盒下方中间位置的三角符号，可以隐藏/显示指令另一些端头。可以监视指令的错误信息及错误信息代码。 指令格式： 　%DB2 "MC_Power_DB_1" 　MC_Power 　EN — ENO 　<???> — Axis　　Status — ... 　false — Enable　Busy — ... 　1 — StartMode　Error — ... 　0 — StopMode　ErrorID — ... 　　　　　　　　ErrorInfo — ...	EN	使能端
	Axis	轴工艺对象
	Enable	启用、禁止轴
	StartMode	启动模式： 0：速度模式； 1：位置模式
	StopMode	停止模式： 0：急停； 1：立即停止； 2：带加速度变化率控制的紧急停止
	Status	轴状态： False：轴已禁止； Ture：轴已启用
	Error	出错标志： 1：错误； 0：正确
	Busy	1：正在执行指令
MC_Home：回原点指令 指令功能： 　"原点"也可以叫作"参考点""回原点"或是"寻找参考点"，其作用是把轴实际的机械位置和 S7-1200 PLC 程序中轴的位置坐标统一，以进行绝对位置定位。 　一般情况下，西门子 PLC 的运动控制在使能绝对位置定位之前必须执行"回原点"或是"寻找参考点"。 脉冲控制的 4 种控制方式含义如下： mode = 0，绝对式直接回零点，把当前轴的位置设置为原点，轴不动作。 mode = 1，相对式直接回零点，把当前轴的位置 + Position 的值当作轴的新位置。 mode = 2，被动回零，必须配合其他指令如 MC_Jog，轴才会动作。 mode = 3，主动回零，轴自己动作寻找零点。 指令格式： 　%DB10 "MC_Home_DB_1" 　MC_Home 　EN — ENO 　<???> — Axis　　Done — ... 　false — Execute　Error — ... 　0.0 — Position 　0 — Mode	Axis	轴工艺对象
	Execute	上升沿时启动命令
	Position	Mode = 0, 2, 3： 完成回原点操作后，轴的绝对位置。 Mode = 1： 对当前轴位置的修正值
	Mode	回原点模式： 0：绝对式直接归位； 1：相对式直接归位； 2：被动回原点； 3：主动回原点； 6：绝对编码器调节（相对）； 7：绝对编码器调节（绝对）
	Done	1：命令已完成
	Error	出错标志

续表

指令	端子功能

MC_MoveAbsolute 指令：轴的绝对定位指令

指令功能：

启动轴定位运动，将轴移动到某个指定的绝对位置上。

注意事项：

正确使用该指令的前提：定位轴工艺对象已正确组态；轴已启用；轴已回原点。

指令格式：

（图：%DB12 "MC_MoveAbsolute_DB"，MC_MoveAbsolute 功能块，EN、Axis=<???>、Execute=false、Position=0.0、Velocity=10.0、ENO、Done、Error）

端子	功能
Axis	轴工艺对象
Execute	上升沿时启动命令
Position	绝对目标位置
Velocity	轴的速度：由于所组态的加速度和减速度以及待接近的目标位置等原因，不会始终保持这一速度

MC_MoveRelative：轴的相对定位指令

指令功能：

将轴移动到某个指定的相对位置上。

注意事项：

该指令的位置是相对于启动点而言的。

指令格式：

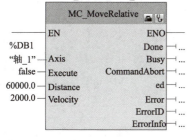

端子	功能
Axis	轴工艺对象
Execute	上升沿时启动命令
Distance	相对目标位置
Velocity	轴的速度
Command Abort	超驰响应

MC_Halt：停止轴指令

指令功能：

以组态的减速度停止轴。

指令格式：

（图：%DB13 "MC_Halt_DB_1"，MC_Halt 功能块，EN、Axis=<???>、Execute=false、ENO、Done、Error）

端子	功能
Axis	轴工艺对象
Execute	上升沿时启动命令
Done	速度到零 = 1
Error	出错标志

知识点四 配置 PLC 的运动控制功能及组态工艺对象

1. 配置 PLC 的运动控制功能

S7-1200 PLC CPU 的运动控制功能需要在硬件组态中进行配置，配置步骤如表 7-4 所示。

表 7-4 配置 S7-1200 PLC CPU 的运动控制功能

步骤	描述	操作
1	打开 Portal 软件，完成硬件添加（注意：只有晶体管输出型的 PLC 才可以驱动伺服系统，本项目添加的是 CPU1214C DC/DC/DC 型）	
2	打开 CPU 的属性，在"常规"标签下找到"脉冲发生器"下"PTO1/PWM1"的"常规"选项，在右方勾选"启用该脉冲发生器"复选框	
3	PTO1/PWM1 的"参数分配"选项用于选择脉冲的类型。选择"PTO（脉冲 A 和方向 B）"	
4	PTO1/PWM1 的"硬件输出"选项：脉冲输出选择 Q0.0，勾选"启用方向输出"复选框，方向输出 Q0.1	
5	完成 PLC 的配置	保存、下载
6	配置好后，将激活 PLC 的脉冲发生器 PTO1，Q0.0 输出高速脉冲控制脉冲频率，Q0.1 控制脉冲方向	

2. 在 PLC 中组态工艺对象

组态工艺对象的过程与设置如表 7-5 所示。

表 7-5 组态工艺对象的过程与设置

步骤	描述	操作
实施准备1	要在项目树中添加定位轴工艺对象，请按以下步骤操作： （1）在项目树中打开"CPU"→"工艺对象"文件夹； （2）双击"新增对象"命令，将打开"新增对象"对话框； （3）选择"运动控制"选项； （4）选择"TO_ PositioningAxis"对象； （5）在"名称"输入框中输入轴名称； （6）单击"确定"（OK）按钮确认输入。 系统自动生成一个工艺轴，并保存在项目树中的"工艺对象"文件夹中	要更改自动分配的数据块编号，请选择"手动"选项
实施准备2	插入工艺对象后，在项目树下可以看到该对象及其下面的组态、调试、诊断等项目。 打开工艺对象的组态窗口，请按以下步骤操作： （1）在项目树中打开所需工艺对象组； （2）双击"组态"对象，打开工艺对象组态界面。 工艺对象的参数分为以下两种： 基本参数：包括必须为工作轴组态的所有参数； 扩展参数：包括适合特定驱动器或设备的参数	
基本参数1	在进行轴组态时，可选择驱动装置接口和测量单位。 （1）"常规"选项。 ①驱动器勾选"PTO"（通过脉冲发生器输出）单选按钮； ②测量单位：为系统选择长度单位，有毫米（mm）、米（m）、英寸（in）、英尺（ft）、脉冲、度（°）6个选项。 选择的测量单位将用于定位轴工艺对象的组态以及轴数据的显示中。运动控制指令的输入参数（Position、Distance、Velocity 等）值也会使用该测量单位，这里选择脉冲	

续表

步骤	描述	操作
基本参数2	（2）驱动器选项。 ①硬件接口。 脉冲发生器：若前期已经在CPU硬件组态中组态了脉冲发生器，下拉列表中所选的PTO以白色背景显示；若未组态或重复使用同一个脉冲发生器，下拉列表中所选的PTO以粉色背景显示。 信号类型：PTO有4种可选信号类型（见知识点二）。 脉冲输出与方向输出：使用默认设置。 ②驱动装置的使能和反馈。 启用输出：设置使能伺服的输出点。 输入就绪：设置驱动器状态正常输入点，当驱动设备正常时会给出一个开关量输出，此信号可接入CPU中，告知运动控制器驱动正常。 如果驱动不提供这种接口，可将此参数设为"TRUE"。 驱动器使能信号由运动控制指令"MC_Power"控制，可以启用对驱动器的供电	硬件接口 脉冲发生器：Pulse_1 信号类型：PTO（脉冲A和方向B） 脉冲输出：伺服_脉冲　%Q0.0 ☑激活方向输出 方向输出：伺服_方向　%Q0.1 驱动装置的使能和反馈 PLC　　　　　　　　　　　　驱动器 使能输出：　　　　　　→　启动驱动器 就绪输入：TRUE　　　　←　驱动器就绪
扩展参数3	机械选项： 输入电动机每转的脉冲数和允许的方向。 本页的选项与前期配置有关，前期配置不同，本页显示的内容会有所改变	电机每转的脉冲数：2000 所允许的旋转方向：双向 ☐反向信号
扩展参数4	位置限制选项： 启用软限位开关复选框可激活软限位开关的下限和上限功能。 激活硬限位开关：使能机械系统的硬件限位功能，在轴到达硬件限位开关时，它将使用急停减速斜坡停车。 启用软限位开关：使能机械系统的软件限位功能，此功能通过程序或者组态定义系统的极限位置。在轴到达软件限位开关时，轴运动将被停止。 选择电平：限位点有效电平分为High Level（高电平有效）和Low Level（低电平有效）两种	位置限制 硬和软限位开关 ☐启用硬限位开关 ☐启用软限位开关 硬件下限位开关输入　　硬件上限位开关输入 选择电平：低电平　　　选择电平：低电平 软限位开关下限位：-1.0E+6　软限位开关上限位：1.0E+6

续表

步骤	描述	操作
扩展参数 5	动态选项： 常规选项、急停选项：配置伺服系统的最大速度、加速度与停止的速度，以及急停的速度。可以采用默认设置	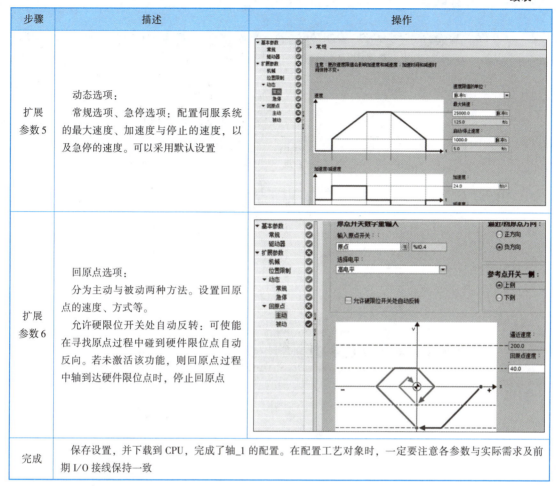
扩展参数 6	回原点选项： 分为主动与被动两种方法。设置回原点的速度、方式等。 允许硬限位开关处自动反转：可使能在寻找原点过程中碰到硬件限位点自动反向。若未激活该功能，则回原点过程中轴到达硬件限位点时，停止回原点	
完成	保存设置，并下载到 CPU，完成了轴_1 的配置。在配置工艺对象时，一定要注意各参数与实际需求及前期 I/O 接线保持一致	

3. 参考程序

运载机构示例程序如图 7-48 所示。

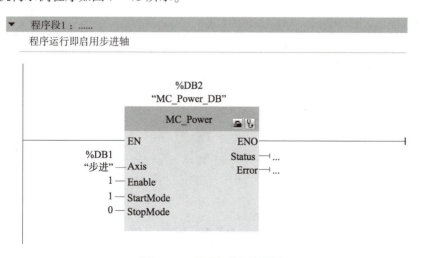

图 7-48　运载机构示例程序

▼ 程序段2：……
启动按钮按下.步进轴回原点.T2定时3 s到（A区工作完毕）.自动回原点

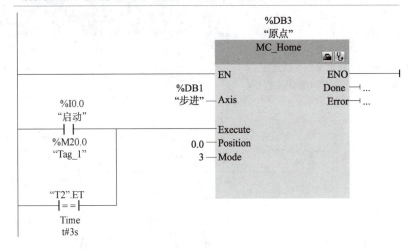

▼ 程序段3：……
加中间标识位区分：启动按钮操作的回原点还是T2定时到回原点？

▼ 程序段4：……
启动按钮按下.回原点后启动T1定时1 s

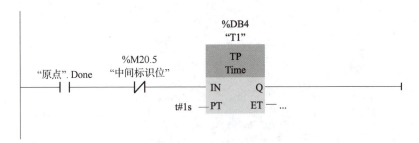

图7-48 运载机构示例程序（续）

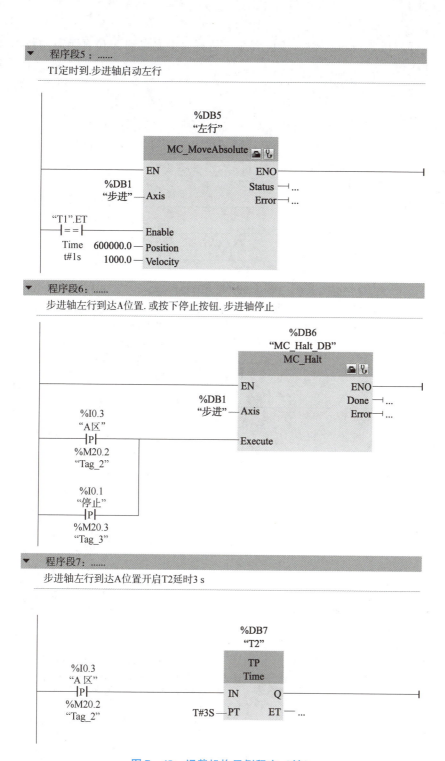

图 7-48 运载机构示例程序（续）

说明：
（1）在进行工艺对象配置时，工艺对象名称为"步进"。
（2）A 区位置没有具体位移数据，左行的停止是由 MC-Halt 指令实现的，因此只要在程序段 5 "左行"指令 Position 端头上配置一个估算大于原点到 A 位置距离的数据即可，此处为 6 000 000。

任务工单

任务工单

任务名称	仓库运载机构步进驱动定位运输		指导老师	
姓名、学号			班级	
组别			组长	
组员姓名				
任务要求	由步进电动机驱动系统带动运载机构水平移动。启动后，运载机构回原点接料，等待 3 s 后运送托盘与物料左行移动到达指定的位置。延时 5 s，等待工作人员完成后续入库动作后，运载机构自动返回原点。在此过程中，按下停止按钮，装载小车即刻停止			
材料清单				
资讯与参考				
决策与方案				
实施步骤与过程记录				
检查与评价	自我检查记录			
	结果记录			
文档清单	列写本任务完成过程中涉及的所有文档，并提供纸质或电子文档			
	序号	文档名称	电子文档存储路径	完成时间	负责人

（1）根据项目分析，对 PLC 的输入量、输出量进行分配，列出 I/O 分配表，明确线路用了哪些电气元件。

（2）按步进系统要求及 PLC I/O 分配完成硬件接线。

（3）在 TIA 博途软件中创建一个工程项目，并命名为"仓库运载机构步进驱动定位运输"。根据要求在硬件组态中开启脉冲发生器，插入工艺对象，配置工艺对象编写 PLC 控制程序，分析程序的运行过程和结果。

任务评价

1. 小组互评

小组互评任务验收单

任务名称	仓库运载机构步进驱动定位运输	验收结论	
验收负责人		验收时间	
验收成员			
任务要求	由步进电动机驱动系统带动运载机构水平移动。启动后,运载机构回原点接料,等待 3 s 后运送托盘与物料左行移动到达指定的位置。延时 5 s,等待工作人员完成后续入库动作后,运载机构自动返回原点。在此过程中,按下停止按钮,装载小车即刻停止		
实施方案确认			
文档接收清单	接收本任务完成过程中涉及的所有文档		

	序号	文档名称	接收人	接收时间

配分表

	序号	评分标准	配分	得分
验收评分	1	元件选择正确	10 分	
	2	元件安装位置合理,安装稳固;硬接线符合接线工艺,走线平直,装接稳固	10 分	
	3	PLC I/O 分配合理,完整	10 分	
	4	步进系统接线正确	10 分	
	5	步进驱动器设置正确	10 分	
	6	PLC 工艺对象组态正确	10 分	
	7	PLC 控制程序功能完整,符合控制要求	40 分	

效果评价	

2. 教师评价

教师评价任务验收单

任务名称	仓库运载机构步进驱动定位运输		验收结论	
验收教师			验收时间	
任务要求	由步进电动机驱动系统带动运载机构水平移动。启动后，运载机构回原点接料，等待 3 s 后运送托盘与物料左行移动到达指定的位置。延时 5 s，等待工作人员完成后续入库动作后，运载机构自动返回原点。在此过程中，按下停止按钮，装载小车即刻停止			
实施方案确认				
文档接收清单	接收本任务完成过程中涉及的所有文档			
	序号	文档名称	接收人	接收时间
验收评分	配分表			
	序号	评分标准	配分	得分
	1	元件选择正确	10 分	
	2	元件安装位置合理，安装稳固；硬接线符合接线工艺，走线平直，装接稳固	10 分	
	3	PLC I/O 分配合理，完整	10 分	
	4	步进系统接线正确	10 分	
	5	步进驱动器设置正确	10 分	
	6	PLC 工艺对象组态正确	10 分	
	7	PLC 控制程序功能完整，符合控制要求	40 分	
效果评价				

任务总结

(1) 总结什么是步进电动机，其功能和应用有哪些？

(2) 总结在完成任务中遇到了哪些困难，是如何解决的？

思考与练习

PLC 的运动控制功能及组态工艺对象的步骤是什么？在此任务中需要注意什么？

任务五　仓库运输托盘伺服驱动定位控制

（1）理解伺服系统及其工作原理。
（2）掌握运动控制指令的功能及参数含义。
（3）能够进行工艺对象的调试与诊断。
（4）具备使用运动控制指令编写程序的能力。

在仓库中存放物品是由运载机构将物品连同托盘运送至仓库区码放至不同的存储位置。运载机构水平移动由步进电动机驱动，上下运行由伺服电动机驱动。上一任务我们学习了运载机构由步进电动机驱动水平移动，本任务将学习由伺服电动机驱动上下运行。

任务要求：
准备工作：首先按下设备准备按钮，运行指示灯点亮。按下回原点按钮，首先托盘回原点后停止等待接料。

开始运行：按下自动运行按钮，滑台上行到 SQ2，到达纵向举升准备位，停留等待 5 s 后继续举升到 SQ3 位，马上返回原点，完成一个正常工作周期。运行过程中，若出现紧急事件，停止按钮可随时停止托盘动作。再次启动先按下设备准备按钮，再按自动运行按钮，设备在断点继续运行。

注：托盘驱动电动机 M1 为伺服电动机，电动机每旋转一周需要 2 000 个脉冲。M1 电动机连接滚珠丝杠机构拖动工作台行进。

引导问题 1：什么是伺服电动机？

引导问题 2：交流伺服电动机与步进电动机比较有什么区别？

知识点一　伺服系统认知

伺服系统（Servo System）又称为随动系统，是用来精确地跟随或复现某个过程的反馈控制系统，如图 7-49 所示。伺服系统使物体的位置、方位、状态等输出被控量能够跟随输入目标（或给定值）的任意变化。

图 7-49　伺服驱动器与伺服电动机

回顾伺服系统的发展历程，从最早的液压、气动到如今的电气化，由伺服电动机、反馈装置与控制器组成的伺服系统已经走过近 50 个年头。随着技术的不断成熟，交流伺服电动机技术凭借其优异的性价比，逐渐取代直流电动机成为伺服系统的主导执行电动机。交流伺服系统技术的成熟也使市场呈现出快速的多元化发展，并成为工业自动化的支撑性技术之一。

一般伺服系统具有三种运行方式：位置模式、速度模式和转矩模式。速度模式、转矩模式使用模拟量控制，位置模式使用脉冲控制。具体使用什么模式，取决于控制要求。

知识点二　认识松下 ASDA-B2 系列伺服驱动器

1. ASDA-B2 系列伺服驱动器结构

图 7-50 所示为 ASDA-B2 系列伺服驱动器的外部结构。伺服驱动器分为面板及下方的配线区。

伺服驱动器的面板用来进行参数、状态的显示与调整，配线区用来连接电源及外部设备，分为显示区、操作区。显示区为 5 位 7 段 LED 数显，表达伺服器的参数、状态、报警、参数值等；操作区由多个操作按键组成，完成伺服驱动器参数的设置、状态的切换。伺服驱动器的参数通常是通过伺服驱动器的面板进行设置的。

配线区是驱动器的接线端子与外设接口。接线端子包括控制回路电源接线端子、主控制回路电源接线端子、伺服电动机输出端子、内外部回生电阻端子、接地端等。控制回路电源接线端子、主控制回路电源接线端子、伺服电动机输出端子这三项端子的接线方法将在伺服驱动系统接线的技能点中介绍。外设接口有控制连接器 CN1、编码器连接器 CN2、RS-485 & RS-232 通信连接器 CN3。其中控制连接器 CN1 可以与 PLC 或控制 I/O 连接；编码器连接器 CN2 连接伺服系统的编码器；RS-485 & RS-232 通信连接器 CN3 可实现伺服驱动器与个人电脑的连接。

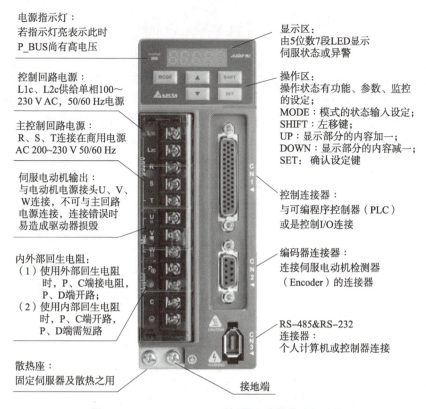

图 7-50　ASDA-B2 系列伺服驱动器的外部结构

2. ASDA-B2 伺服驱动器参数

1) 驱动模式的选择

伺服驱动器一般有三种驱动模式：P——位置控制模式；S——速度控制模式；T——扭矩控制模式。

ASDA-B2 系列伺服驱动器除上述三种驱动模式外，还有 P\S\T 组合在一起的混合模式。

驱动模式的选择可通过参数 P1-01 来达成，当新模式设定后，必须将驱动器重新送电。

2) 参数

ASDA-B2 系列伺服驱动器参数起始代码 P，按不同的用途分为 5 个群组。P 后的第一字符为群组号，其后的两字符为参数号。

参数群组定义如下：

群组 0：监控参数（如 P0-xx）；

群组 1：基本参数（如 P1-xx）；

群组 2：扩充参数（如 P2-xx）；

群组 3：通信参数（如 P3-xx）；

群组 4：诊断参数（如 P4-xx）。

伺服驱动器参数很多，不同的功能使用不同的参数和参数值，在设置时可以查阅产品手册。

知识点三　工艺对象调试

1. 轴控制面板结构

调试面板是 S7-1200 PLC 运动控制中一个重要的工具，组态了 1 200 运动控制并把实际机械硬件设备连接好后，先用"控制面板"来测试工艺对象的参数和实际设备接线等安装是否正确。轴控制面板用于在手动模式下移动轴、优化轴设置和测试系统。只有与 CPU 建立在线连接后，才能使用轴控制面板。如图 7-51 所示，轴控制面板中包含以下几个区域：

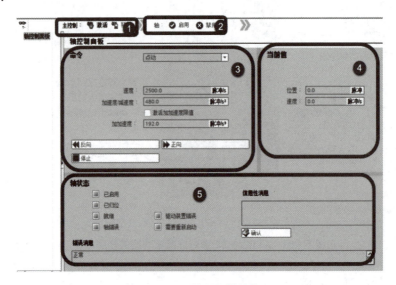

图 7-51　控制面板结构

1）主控制

主控制区可对工艺对象进行面板主控制或返回给用户程序控制。

"激活"（Activate）按钮：可建立与 CPU 的在线连接，并对所选工艺对象进行面板主控制。要进行主控制，必须在用户程序中禁用工艺对象。

"禁用"（Deactivate）按钮：将主控制返回给用户程序。

2）轴

"启用"（Enable）按钮：启用所选的工艺对象。

"禁用"（Disable）按钮：可禁用所选的工艺对象。

3）命令

仅当轴启用后，才能执行"命令"（Command）区域中的操作。可以选择以下命令：

点动：该命令相当于用户程序中的运动控制命令"MC_MoveJog"。

定位：该命令相当于用户程序中的运动控制命令"MC_MoveAbsolute"和"MC_MoveRelative"。

回原点：该命令相当于用户程序中的运动控制命令"MC_Home"。使用该命令时，"设置参考点"（Set reference point）按钮相当于 Mode = 0（绝对式直接回原点）；"主动回原点"（Active homing）按钮相当于 Mode = 3（主动回原点），必须在轴组态中组态原点开关。

逼近速度、回原点速度和参考位置偏移的值取自轴组态。

选择"启用加加速度限值"（Enable jerk limitation）复选框，将激活加加速度限值。默认情况下，加加速度为组态值的10%。

根据不同的运动命令，设置运行速度、加/减速度、距离等参数。

4）当前值

在该区域中，将显示轴的位置、速度实际值。

5）轴状态

该区域中将显示当前轴状态和驱动装置的状态。

"信息消息"（Info message）框会显示有关轴状态的信息。

"错误消息"（Error message）框会显示当前错误。

单击"确认"（Acknowledge）按钮，确认所有已清除的错误。

2. 使用工艺对象调试面板

在 Portal 软件中左侧项目树的工艺对象中新增工艺对象后选择"调试"选项，打开轴控制面板。如图 7-52 所示激活控制面板画面，单击主控制的"激活"→轴："启用"，就可以用控制面板对轴进行测试。

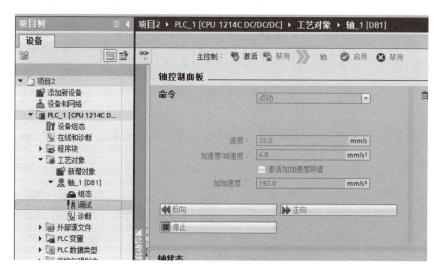

图 7-52　激活控制面板

然后在命令区选择需要调试的选项，根据不同的运动命令，设置运行速度、加/减速度、距离等参数，并进行相应操作。

在对轴调试面板进行调试时，可能会遇到轴报错的情况，我们可以打开"诊断"信息来定位报错原因。

"状态和错误位"（Status and error bits）可监视轴的最重要状态和错误消息，如图 7-53 所示。当轴激活时，可以在"手动控制"模式和"自动控制"模式下在线显示诊断功能。所显示的状态错误消息的含义可查询产品说明手册。

"运动状态"（Motion status）用于监视轴的运动状态，如图 7-54 所示，如实际位置、实际速度、位置设定值、速度设定值、目标位置、剩余行进距离等。

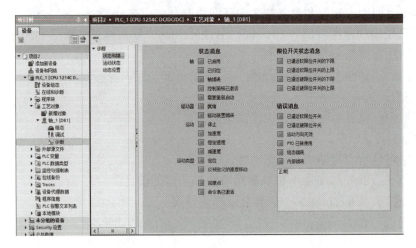

图 7-53　状态和错误位

图 7-54　运动状态

"动态设置"（Dynamics settings）用于监视轴的动态限值，如图 7-55 所示。

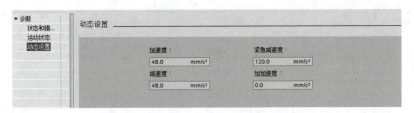

图 7-55　动态设置

通过"轴调试面板"测试成功后，用户就可以根据工艺要求，编写运动控制程序实现自动控制。

3. 参考程序

（1）正确设置伺服驱动器参数，如表 7-6 所示。

表 7-6　伺服驱动器参数设置

序号	参数	设定值	功能
1	P2-08	10	恢复出厂值：在断开 SON（伺服启动信号）时有效
2	P1-00	2	外部脉冲列输入设定：脉冲列 + 符号（设置时去掉 SON 信号）

续表

序号	参数	设定值	功能
3	P1-01	0	位置控制模式：当新模式设定后，必须将驱动器重新送电，新模式即可生效
4	P1-44	80	电子齿轮比分子
5	P1-45	1	电子齿轮比分母
6	P2-00	35	位置控制比例增益：位置控制增益值加大时，可提升位置响应性及缩小位置控制误差量。但若设定太大，易产生振动及噪声
7	P2-10	101	伺服启动信号设置为 DI1
8	P2-15	022	左、右限位功能 CWL \ CCWL 连接在 DI5 \ DI6 端子上；
9	P2-16	023	左、右限位以常闭触点方式接入
10	P2-17	021 或 121	急停功能设置在 DI7 端子上； 若 EMGS 端子悬空，此参数值为 121；若 EMGS 短接在 COM-，此参数值为 021

注：本伺服驱动器编码器线程为 160 000，若控制要求电动机每旋转一周需要 2 000 个脉冲，则计算出电子齿轮比为 80∶1。

（2）参考程序，如图 7-56 所示。

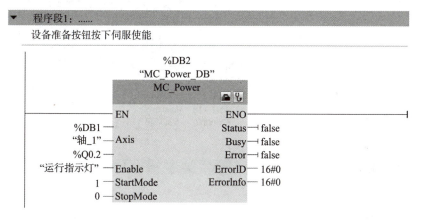

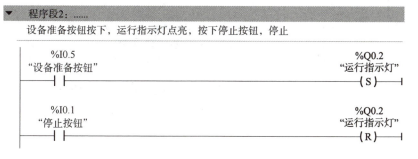

图 7-56 参考程序

▼ 程序段3：……

回原点按钮，及自动运行到达SQ3位置. 启动回原点操作

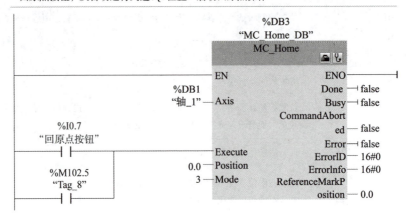

▼ 程序段4：……

回原点后，按下自动运行按钮，启动设备运行

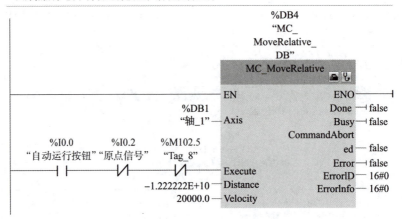

▼ 程序段5：……

运行到SQ2位置暂停

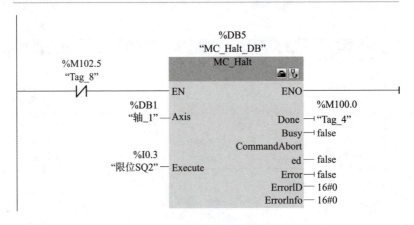

图7-56 参考程序（续）

程序段6：……
延时5 s

```
    %M100.0                    %DB9
    "Tag_4"              "IEC_Timer_0_
                              BD_1"
      ┤ ├                      TON                       %M102.2
                               Time                       "Tag_7"
                          IN          Q                   ─( )─
                  T#5S ─ PT         ET ─ T#0ms
```

程序段7：……
继续原方向运行

```
                                  %DB7
                                  "MC_
                              Move Relative_
                                  DB_1"
    %M102.5                   MC_MoveRelative
    "Tag_8"
      ┤/├                   EN              ENO
                   %DB1                    Done  ─ false
                   "轴_1" ─ Axis           Busy  ─ false
                                        CommandAbort
                   %M102.2                   ed  ─ false
                   "Tag_7" ─ Execute       Error ─ false
                  −1.0E+12 ─ Distance    ErrorID ─ 16#0
                   20000.0 ─ Velocity   ErrorInfo ─ 16#0
```

程序段8：……
到达SQ3停止

```
                                  %DB8
                              "MC_Halt_DB_1"
    %M102.5                      MC_Halt
    "Tag_8"
      ┤/├                   EN              ENO
                   %DB1                    Done  ─ false
                   "轴_1" ─ Axis           Error ─ false
                    %I0.4
                   "限位SQ3" ─ Execute
```

程序段9：……返回信号M102.5
置位M102.5启动返回

```
    "MC"_Halt_DB_                                       %M102.5
        1.Done                                          "Tag_8"
         ┤ ├                                             ─(S)─
```

图 7–56 参考程序（续）

项目七 智能仓储控制系统设计 ■ 235

▼ 程序段10：……
返回原点．复位M102.5

```
    %I0.2                                          %M102.5
  "原点信号"                                        "Tag_8"
────┤ ├────┬─────────────────────────────────────────( R )────
            │
    %M102.7 │
    "Tag_10"│
────┤ ├────┘
```

图 7-56　参考程序（续）

任务工单

任务工单

任务名称	仓库运输托盘伺服驱动定位控制	指导老师	
姓名、学号		班级	
组别		组长	
组员姓名			
任务要求	准备工作：首先按下设备准备按钮，运行指示灯点亮；按下回原点按钮，首先托盘回原点后停止等待接料。 开始运行：按下自动运行按钮，滑台上行到SQ2，到达纵向举升准备位，停留等待5 s后继续举升到SQ3位，马上返回原点完成一个正常工作周期。运行过程中，若出现紧急事件，停止按钮可随时停止托盘动作。再次启动先按下设备准备按钮，再按自动运行按钮，设备在断点继续运行。 注：托盘驱动电机M1为伺服电动机，电动机每旋转一周需要2 000个脉冲。M1电动机连接滚珠丝杠机构拖动工作台行进		
材料清单			
资讯与参考			
决策与方案			
实施步骤与过程记录			
检查与评价	自我检查记录		
	结果记录		
文档清单	列写本任务完成过程中涉及的所有文档，并提供纸质或电子文档		
	序号	文档名称	电子文档存储路径	完成时间	负责人

任务实施

(1) 根据项目分析,对 PLC 的输入量、输出量进行分配,列出 I/O 分配表,明确线路用了哪些电气元件。

(2) 按伺服系统要求及 PLC I/O 分配完成硬件接线。

(3) 正确设置伺服驱动器参数,简述设置步骤。

(4) 在 TIA 博途软件中创建一个工程项目,并命名为"仓库运输托盘伺服驱动定位控制"。根据要求在硬件组态中开启脉冲发生器,插入工艺对象,配置工艺对象,编写 PLC 控制程序,分析程序的运行过程和结果。

任务评价

1. 小组互评

小组互评任务验收单

任务名称	仓库运输托盘伺服驱动定位控制		验收结论	
验收负责人			验收时间	
验收成员				
任务要求	准备工作:首先按下设备准备按钮,运行指示灯点亮;按下回原点按钮,首先托盘回原点后停止等待接料。 开始运行:按下自动运行按钮,滑台上行到 SQ2,到达纵向举升准备位,停留等待 5 s 后继续举升到 SQ3 位,马上返回原点完成一个正常工作周期。运行过程中,若出现紧急事件,停止按钮可随时停止托盘动作。再次启动时先按下设备准备按钮,再按自动运行按钮,设备在断点继续运行。 注:托盘驱动电动机 M1 为伺服电动机,电动机每旋转一周需要 2 000 个脉冲。M1 电动机连接滚珠丝杠机构拖动工作台行进			
实施方案确认				
文档接收清单	接收本任务完成过程中涉及的所有文档			
	序号	文档名称	接收人	接收时间
验收评分	配分表			
	序号	评分标准	配分	得分
	1	元件选择正确	10 分	
	2	元件安装位置合理,安装稳固;硬接线符合接线工艺,走线平直,装接稳固	10 分	
	3	PLC I/O 分配合理,完整	10 分	
	4	伺服系统接线正确	10 分	
	5	伺服驱动器设置正确	10 分	
	6	PLC 工艺对象组态正确	10 分	
	7	PLC 控制程序功能完整,符合控制要求	40 分	
效果评价				

2. 教师评价

教师评价任务验收单

任务名称	仓库运输托盘伺服驱动定位控制		验收结论	
验收教师			验收时间	

任务要求	准备工作：首先按下设备准备按钮，运行指示灯点亮；按下回原点按钮，首先托盘回原点后停止等待接料。 开始运行：按下自动运行按钮，滑台上行到SQ2，到达纵向举升准备位，停留等待5 s后继续举升到SQ3位，马上返回原点完成一个正常工作周期。运行过程中，若出现紧急事件，停止按钮可随时停止托盘动作。再次启动时先按下设备准备按钮，再按自动运行按钮，设备在断点继续运行。 注：托盘驱动电动机M1为伺服电动机，电动机每旋转一周需要2 000个脉冲。M1电动机连接滚珠丝杠机构拖动工作台行进

实施方案确认	

文档接收清单	接收本任务完成过程中涉及的所有文档			
	序号	文档名称	接收人	接收时间

验收评分	配分表			
	序号	评分标准	配分	得分
	1	元件选择正确	10 分	
	2	元件安装位置合理，安装稳固；硬接线符合接线工艺，走线平直，装接稳固	10 分	
	3	PLC I/O 分配合理，完整	10 分	
	4	伺服系统接线正确	10 分	
	5	伺服驱动器设置正确	10 分	
	6	PLC 工艺对象组态正确	10 分	
	7	PLC 控制程序功能完整，符合控制要求	40 分	

效果评价	

任务总结

（1）什么是伺服电动机？其功能是什么？

（2）伺服电动机的应用有哪些？

思考与练习

（1）一般伺服系统具有几种运行方式？分别是什么？

（2）简述伺服电动机与步进电动机的区别与联系。

任务六　西门子 S7-1200 系列 PLC 以太网通信

（1）了解西门子 S7-1200 PLC 之间的 S7 通信协议。
（2）掌握 S7 通信方式。
（3）掌握 GET/PUT 指令的使用技巧，能够合理配置指令。
（4）能够编写通信程序完成控制要求。

PLC 通信是指 PLC 与 PLC、PLC 与计算机、PLC 与现场设备或远程 I/O 之间的信息交换。智能仓储控制系统中会使用多个设备和 PLC，任意两台设备之间有信息交换时，就会产生通信。

任务要求：工业以太网中的两个 PLC 站点，PLC1——S1200 DC/DC/DC CPU，PROFINET 网下挂 G120C 变频器；PLC2——S1200 DC/DC/DC CPU。按下 PLC1 启动按钮 SB1，变频器以给定的 25 Hz 频率运行。按下 PLC2 端启动按钮 SB2，变频器以给定的 50 Hz 频率运行。

引导问题 1：什么是 PLC 通信？

引导问题 2：什么是工业以太网通信？

知识点一　S7-1200 PLC 之间的 S7 通信协议

S7 通信协议是面向连接的协议，具有较高的安全性。连接是指两个通信伙伴之间为了执行通信任务建立的逻辑链路，而不是指两个站之间用物理媒体（如电缆）实现的连接。

S7 连接是需要组态的静态连接，静态连接要占用 CPU 的连接资源。基于连接的通信分为单向连接和双向连接，S7 – 1200 PLC 仅支持 S7 单向连接。

单向连接中的客户机（Client）是向服务器（Server）请求服务的设备，客户机调用 GET/PUT 指令读写服务器的存储区。服务器是通信中的被动方，用户不用编写服务器的 S7 通信程序，S7 通信是由服务器的操作系统完成的。因为客户机可以读写服务器的存储区，单向连接实际上可以双向传递数据。

知识点二　创建 S7 连接

两个 S7 – 1200 站点 PLC1 和 PLC2 均为 CPU1214C，它们的 PN 接口 IP 地址分别为 192.168.0.1 和 192.168.0.2；子网掩码：255.255.255.0。建立 S7 连接步骤如表 7 – 7 所示。

表 7 – 7　建立 S7 连接步骤

步骤	描述	操作
1	前提	在同一个子网添加两个 S1200 站点，PN 接口 IP 地址分别设置为 192.168.0.1 和 192.168.0.2
2	①双击项目树的"设备和网络"打开网络视图； ②单击"连接"； ③选择框选择"S7 连接"	
3	如右图，鼠标"拖拽"，建立两个 CPU 的连接，系统自动命名该连接为"PN/IE_1"。也可以重新命名	
4	建立"PN/IE_1"连接后，设备之间会高亮显示一条轨道线	

续表

步骤	描述	操作
5	选中"PN/IE_1"连接,打开下方巡视窗口,可以查询 S7 连接的"常规属性"	
6	巡视窗口的"特殊连接属性"→勾选"主动建立连接"复选框,该 CPU 成为连接发起的主动方	
7	单击网络视图小三角按钮(①处),打开"连接",可以看到生成的 S7 连接的详细信息	
8	使用固件版本 V4.0 以上 S1200 CPU 作 S7 通信服务器,需要打开"允许来自远程对象的 PUT/GET 通信访问"。步骤如右图	

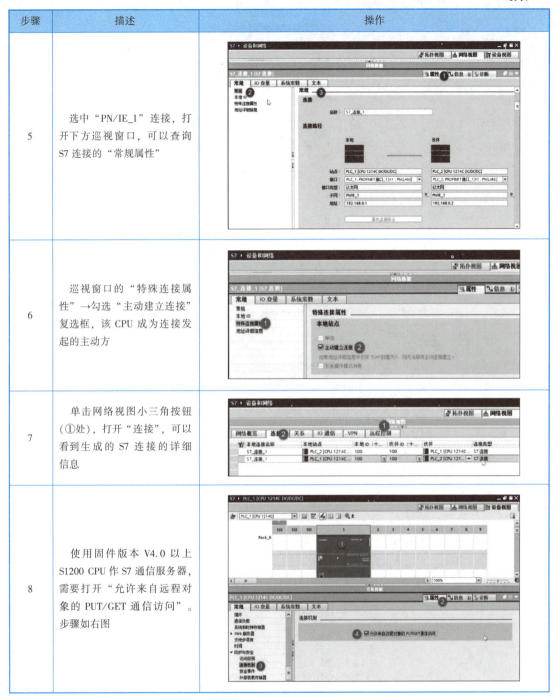

知识点三 S7 通信指令的配置与使用

1. GET/PUT 指令

(1) GET 指令:从远程 CPU 读取数据。GET 指令格式如图 7-57 所示,其端头说明见表 7-8。

项目七 智能仓储控制系统设计 243

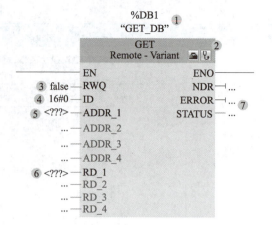

图 7-57 GET 指令格式

表 7-8 GET 指令端头说明

序号	端头标识	说明
1	GET_DB	调用 GET 指令时指定的背景数据块
2		指令的配置工具与诊断工具
3	REQ	REQ 的上升沿启动指令
4	ID	伙伴 CPU S7 连接的寻址参数，完成组态后自动生成
5	ADDR_1	伙伴 CPU 上待读取数据区域的地址指针
6	RD_1	本地 CPU 上用于存储已读数据区域的指针
7	输出端子	标识指令执行的结果、错误代码及错误信息

（2）PUT 指令：向远程 CPU 写入数据。PUT 指令格式如图 7-58 所示。PUT 指令各端子功能与 GET 指令类似。其中：

ADDR_i 端：伙伴 CPU 上用于写入数据区域的指针。

SD_i 端：本地 CPU 上要发送数据区域的指针。

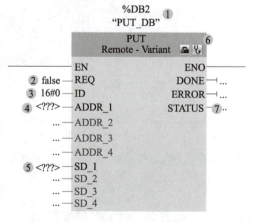

图 7-58 PUT 指令格式

2. GET/PUT 指令的配置与使用

实例：将 PLC_1 中的三个 REAL 型温度数据传送到 PLC_2 中。

第一步：建立新项目，插入两个站点并设置 PN/IE – 1 子网，以及 IP 地址。

第二步：建立 S7 连接如表 7 – 8 所示。

第三步：在 PLC_1 中建立发送数据块，发送数据块设置如图 7 – 59 所示。在 PLC_2 中建立接收数据块，接收数据块设置如图 7 – 60 所示。

图 7 – 59　发送数据块设置

图 7 – 60　接收数据块设置

第四步：设置数据块的属性，右键单击 PLC_1 "发送数据块" 命令，打开屏幕快捷菜单，选择 "属性" 选项，去掉 "优化的块访问" 前的复选框，如图 7 – 61 所示。
PLC_2 "接收数据块" 做相同的处理。

图 7 – 61　优化的块访问

第五步：建议在 PLC_1 的硬件属性中启用"时钟存储器"，如图 7-62 中的 MB10。使用时钟因子调用通信指令，可以节省 PLC 资源的占用。

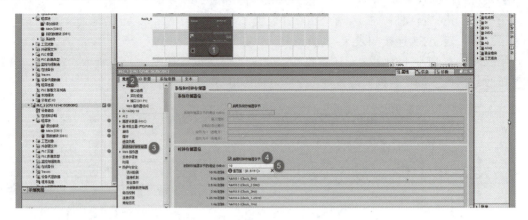

图 7-62 设置 CPU 时钟存储器

第六步：在 PLC_1 的 Main 中编程，将 PLC_1 "发送数据块"中的数据传送到 PLC_2 的"接收数据块"中。

（1）将 PUT 指令拖拽到编程区，如图 7-63 所示。

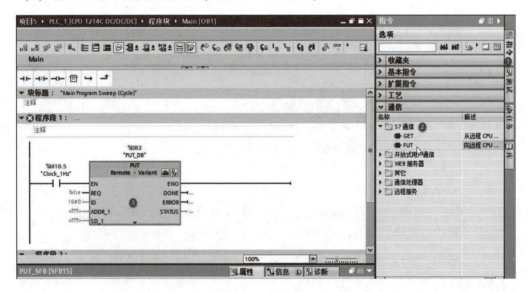

图 7-63 程序中插入 PUT 指令

（2）单击 PUT 指令的"组态"按钮，打开 PUT 指令组态对话框。首先设置连接参数，"本地"参数自动生成，勾选"主动建立连接"复选框；"伙伴"选择 PLC_2 后参数自动生成，如图 7-64 所示。

单击"块参数"选项，组态 PUT 指令的输入/输出端子，如图 7-65 所示。

①点选块参数。

②使用 1 Hz 时钟存储器位触发通信指令，实现 PLC_1 每隔 1 s 向 PLC_2 发送一次数据，因此通信数据更新的时间为 1 s。

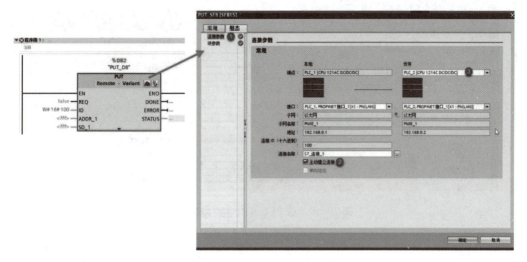

图 7-64　配置 PUT 指令的连接参数

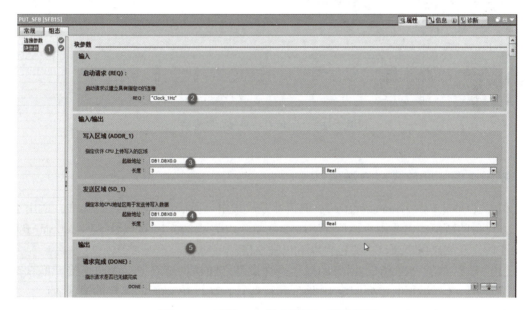

图 7-65　配置 PUT 指令的输入/输出端子

③写入区域地址为 PLC_2 "接收数据块",由于去掉了"优化的块访问"设置,此处需要输入绝对地址 DB1。写入区设置含义为"接收数据块"DB1 从 0 号字节开始的两个实数。

④发送区设置与写入区相同。

⑤若不关注输出信号,输出区各端子可不设置。

⑥单击"确认"按钮,完成设置。

第七步:进行 GET/PUT 程序的调试。

(1) 打开 PLC_1 的发送数据块,单击"全部监视"命令。监视值栏输入三个温度值,如图 7-66 所示。

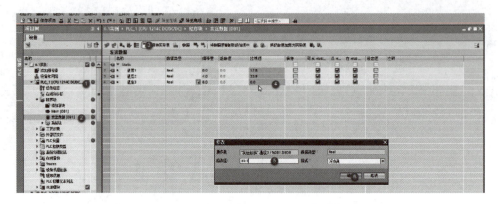

图 7-66 从 PLC_1 处发送数据块

(2) 打开 PLC_2 的接收数据块,单击"全部监视"命令,可以看到 PLC_1 的三个数据已经传送过来了,如图 7-67 所示。

图 7-67 从 PLC_2 处接收数据块

知识点四 开放式用户通信

OUC (Open User Communication) 通信即开放式用户通信,采用开放式标准,适用于与第三方设备的通信,也适用于西门子 S7-300/400,S7-1200/1500 以及 S7-200SMART 之间的通信。开放式用户通信主要包含以下三种通信:

(1) TCP 通信,是面向数据流的通信,为设备之间提供全双工、面向连接、可靠安全的连接服务,传送数据时需要制定 IP 地址和端口号。TCP/IP 是面向连接的通信协议,通信的传输需要经过建立连接、数据传输、断开连接三个阶段,是使用最广泛的通信,适用于大量数据的传输。

(2) ISO-on-TCP 通信,是面向消息的协议,是在 TCP 中定义了 ISO 传输的属性,是面向连接的通信协议,通过数据包进行数据传输。ISO-on-TCP 是面向消息的协议,数据传输时传送关于消息长度和消息结束的标志。

(3) UDP 通信,是一种非面向连接的通信协议,发送数据之前无须建立连接,传输数据时只需要制定 IP 地址和端口号作为通信端点,不具有 TCP 中的安全机制,数据的传输无须伙伴方应答,因而数据传输的安全不能得到保障,数据传输时传送关于消息长度和结束的信息。

开放式用户通信是双边通信,即客户端与服务器端都需要写程序,比如客户端写发送指令和接收指令,那服务器端也要写接收指令和发送指令,发送与接收指令是成对出现的。

对于具有集成 PN/IE 接口的 CPU，可使用 TCP、UDP 和 ISO-on-TCP 连接类型进行开放式用户通信。通信伙伴可以是两个 SIMATIC PLC，也可以是 SIMATIC PLC 和相应的第三方设备。

知识点五　开放式用户通信指令的配置与使用

1. 开放式用户通信指令

在 S7-1200 PLC 中提供了两种开放式通信指令：一种是集成了连接功能的指令；一种是需要单独使用连接指令进行连接后才可使用的指令，如图 7-68 所示。

自带连接功能的指令有 TSEND_C（建立连接并发送数据）和 TRCV_C（建立连接并接收数据），自带连接的通信指令适用于 TCP、ISO-on-TCP、UDP 三种通信协议；不自带连接功能的指令有 TCON（建立通信连接）、TDISCON（断开通信连接）、TSEND（发送数据 TCP/ISO-on-TCP）、TRCV（接收数据 TCP/ISO-on-TCP）、TUSEND（发送数据 UDP）、TURCV（接收数据 UDP）。

1）建立连接并发送数据指令 TSEND_C

TSEND_C 指令格式如图 7-69 所示，其用于建立一个 TCP 或 ISO-on-TCP 通信连接并发送通信数据。TSEND_C 指令端头说明见表 7-9。

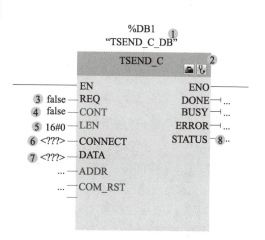

图 7-68　开放式用户通信相关指令　　　图 7-69　TSEND_C 指令格式

表 7-9　TSEND_C 指令端头说明

序号	端头标识	说明
1	TSEND_C_DB	调用 TSEND_C 指令时指定的背景数据块
2		指令的配置工具与诊断工具
3	REQ	REQ 的上升沿启动发送作业
4	CONT	控制通信连接：0——断开通信连接；1——建立并保持通信连接

项目七　智能仓储控制系统设计

续表

序号	端头标识	说明
5	LEN	可选参数（隐藏）。要通过作业发送的最大字节数。如果在 DATA 参数中使用具有优化访问权限的发送区，LEN 参数值必须为"0"
6	CONNECT	指向连接描述结构的指针。对于现有连接，使用 TCON_Configured 系统数据类型
7	DATA	指向发送区的指针，该发送区包含要发送数据的地址和长度；传送结构时，发送端和接收端的结构必须相同
8	输出端子	标识指令执行的结果、状态、错误代码及错误信息

2) 建立连接并接收数据指令 TRCV_C

TRCV_C 指令格式如图 7-70 所示，其各端子功能与 TSEND_C 指令类似。

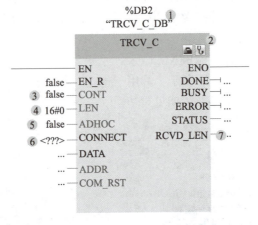

图 7-70　TRCV_C 指令格式

其中"EN_R"是启用接收功能。接收数据（在参数 EN_R 的上升沿）时，参数 CONT 的值必须为"1"才能建立或保持连接。

"DATA"是指向接收区的指针。传送结构时，发送端和接收端的结构必须相同。接收数据区长度通过参数"LEN"指定（LEN≠0 时），或者通过参数"DATA"的长度信息指定（LEN=0 时）。如果在参数 DATA 中使用纯符号值，则 LEN 参数的值必须为"0"。

3) 不带连接功能的通信指令

TCON 指令用于建立通信连接，TSEND 指令通过通信连接发送数据。二者联合使用功能与 TSEND_C 相同。TRCV 指令通过连接接收数据，此指令与 TCON 指令联合使用功能与 TRCV_C 功能相同。各指令端子定义也与 TSEND_C 和 TRCV_C 类似。

2. TSEND_C 指令的配置与使用

实例：将 TCP_Client 中的两个 WORD 型数据（1 个数据代表电动机启停控制的控制字，1 个代表电动机运行速度的速度值）传送到 TCP_Server 中。

第一步：建立新项目，插入两个站点并设置 PN/IE-1 子网、IP 地址及设备名。（见项目七任务六知识点二）

第二步：在 TCP_Client 中建立发送数据块，发送数据块设置如图 7-71 所示。

图 7 - 71 发送数据块设置

第三步：设置数据块的属性。右键单击 TCP_Client "数据块_1"，打开屏幕快捷菜单，选择 "属性" 选项，去掉勾选 "优化的块访问" 复选框。单击 "编译" 按钮进行编译。具体操作参见项目七任务六的知识点三第四步。

第四步：建议在 TCP_Client 的硬件属性中启用 "时钟存储器"，设置时钟存储字节位 MB10。在通信指令的 REQ 端使用时钟因子，可以自动实现周期性通信控制。其设置操作参见项目七任务六的知识点三的第五步。

第五步：在 TCP_Client 的 Main 中编程，将 TCP_Client "数据块_1" 中的数据传送到 TCP_Server 的 "数据块_1" 中。

（1）将 TSEND_C 指令拖拽到编程区，如图 7 - 72 所示。

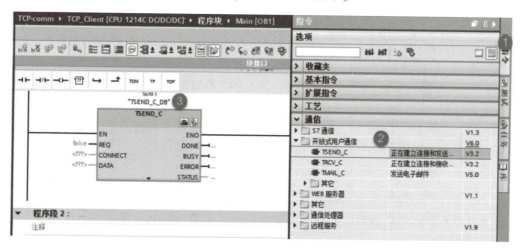

图 7 - 72 程序中插入 TSEND_C 指令

（2）单击 TSEND_C 指令的组态按钮，打开 TSEND_C 指令组态对话框。首先设置客户端的连接参数，"本地" 参数自动生成，是客户端的 PLC，单击 "伙伴" 的下三角选择 "TCP_Server"，如果是非西门子厂家设备，则选择 "未指定"；"连接类型" 下选择 "TCP"，"连接数据" 下单击 "新建" 按钮，自动创建 "TCP_Client_Send_DB"，单击 "主动建立连接" 单选按钮。单击伙伴端的连接数据的下三角，单击 "新建"，自动创建 "TCP_Server_Receive_DB"，伙伴端口地址选择默认的 "2000"，设置完成后如图 7 - 73 所示。

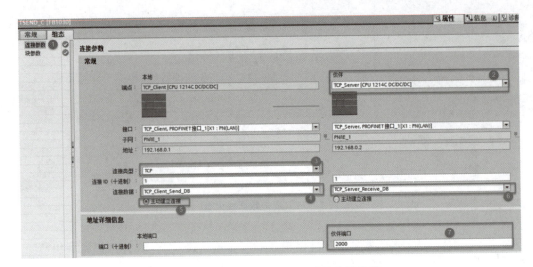

图 7-73 配置 TSEND_C 指令的连接参数

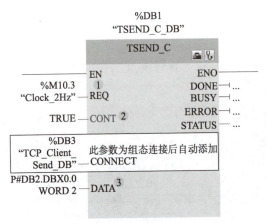

图 7-74 赋值 TSEND_C 的输入端子

可以单击"块参数"选项,组态 TSEND_C 指令的输入/输出端子。在此选择直接在指令块中输入端子所连接的信号。输入完成后的 TSEND_C 指令如图 7-74 所示。

① "REQ"端子选择 2 Hz 时钟存储器位触发通信指令,实现每隔 0.5 s 发送一次数据,因此通信数据更新的时间为 0.5 s。

② "CONT"默认参数"TRUE",即一直建立连接。

③ "DATA"写入区域地址为 TCP_Client PLC 的发送数据区,由于去掉了"优化的块访问"设置,此处需要输入绝对地址 DB2。写入区设置含义为发送数据 DB2 从 0 号字节开始的两个 WORD 型数据。

④若不关注输出信号,输出区各端子可不设置。

3. TRCV_C 指令的配置与使用

由于开放式通信是双边通信,所以在服务器侧要配置 TRCV_C 并进行程序编写,完成数据的接收。

第一步:TCP_Server 中建立接收数据块,接收数据块设置如图 7-75 所示。TCP_Server 中接收数据块去掉勾选"优化的块访问"复选框后进行编译处理。

第二步:将在 TCP_Server 的 Main 中编程,TCP_Server "数据块_1"接收 TCP_Client 发送过来的数据。

(1) 将 TRCV_C 指令拖拽到编程区,如图 7-76 所示。

(2) 单击 TRCV_C 指令的"组态"按钮,打开 TRCV_C 指令组态对话框。设置服务器端的连接参数,"本地"参数自动生成,是服务器端的 PLC,单击"伙伴"的下三角选择"TCP_Client",如果是非西门子厂家设备,则选择"未指定";"连接类型"下选择"TCP"

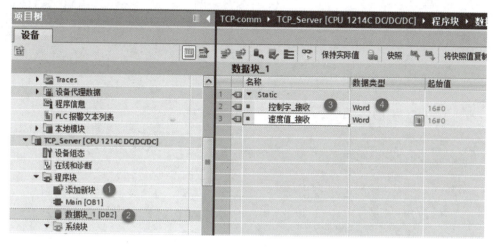

图 7-75　接收数据块设置

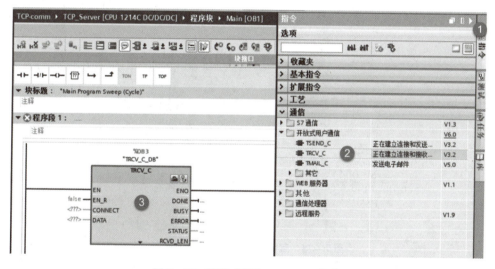

图 7-76　程序中插入 TRCV_C 指令

"连接数据"下选择客户端组态时创建的"TCP_Server_Receive_DB"和"TCP_Client_Send_DB",即客户端发送数据和服务器端接收数据采用一个 ID 连接。本地端口为"2000"。组态完成后如图 7-77 所示。

可以单击"块参数"选项,组态 TRCV_C 指令的输入/输出端子。在此我们选择直接在指令块中输入端子所连接的信号。输入完成后的 TRCV_C 指令如图 7-78 所示。

① "EN_R"端子设置为 1,即一直处于接收状态。

② "CONT"默认参数为"TRUE",即一直建立连接。

③ "DATA"为 TCP_Server PLC 的接收数据区,由于去掉了"优化的块访问"设置,此处需要输入绝对地址 DB2。接收区设置含义为接收数据放置在从 DB2 的 0 号字节开始的两个 Word 区。

④ 若不关注输出信号,输出区各端子可不设置。

项目七　智能仓储控制系统设计　　253

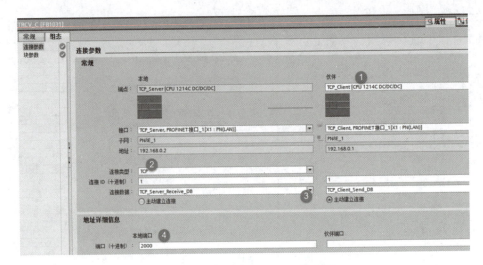

图 7 – 77　配置 TRCV_ C 连接参数

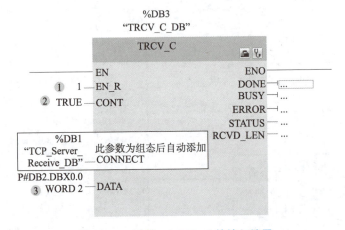

图 7 – 78　赋值 TSEND_C 的输入端子

4. TSED_C/TRCV_C 程序的调试

客户端 TSED_C 和服务器端 TRCV_C 程序编写完成后，可进行通信调试。在此利用仿真软件进行通信程序调试。

第一步：装载客户端 PLC 程序。选中"TCP_Client"PLC，在工具栏单击"开始仿真"按钮，启动仿真器。单击"下载到设备"按钮，装载客户端 PLC 程序，装载完成后启动 PLC 模块运行，如图 7 – 79 所示。

第二步：用同样的方法装载服务器端的 PLC 程序，并启动服务器 PLC 仿真运行，装载程序运行后如图 7 – 80 所示。

第三步：分别打开客户端和服务器端 PLC 的发送数据块和接收数据块，并打开数据监视功能。在客户端发送数据 DB 块中改写要发送的数据，在服务器端 PLC 中监控数据接收数据块中的数据是否与发送数据一致。即在客户端 DB 块中选择要修改的发送数据，右键单击，选择"修改操作数…"，弹出"修改"对话框。在此对话框的③位置修改数据的值。调试画面如图 7 – 81 所示。

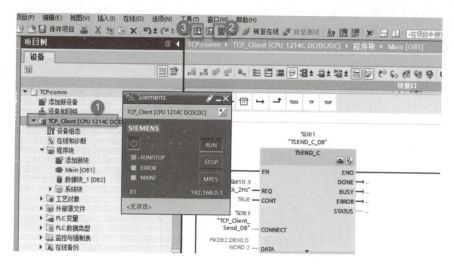

图 7-79　客户端 PLC 仿真运行

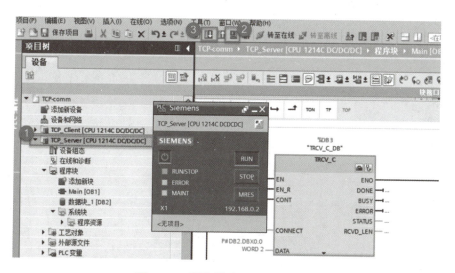

图 7-80　服务器端 PLC 仿真运行

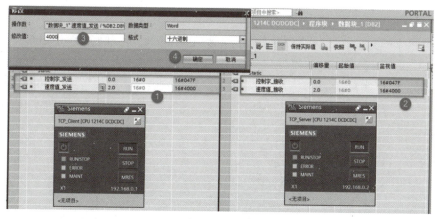

图 7-81　通信仿真调试

项目七　智能仓储控制系统设计

任务工单

任务工单

任务名称	西门子 S7-1200 系列 PLC 以太网通信	指导老师	
姓名、学号		班级	
组别		组长	
组员姓名			
任务要求	工业以太网中的两个 PLC 站点为 PLC_1：S1200 DC/DC/DC CPU，PROFINET 网下挂 G120C 变频器；PLC_2：S1200 DC/DC/DC CPU。 按下 PLC_1 启动按钮 SB1，变频器以给定的 25 Hz 频率运行。按下 PLC_2 端启动按钮 SB2，变频器以给定的 50 Hz 频率运行		
材料清单			
资讯与参考			
决策与方案			
实施步骤与过程记录			
检查与评价	自我检查记录		
	结果记录		
文档清单	列写本任务完成过程中涉及的所有文档，并提供纸质或电子文档				
	序号	文档名称	电子文档存储路径	完成时间	负责人

(1) 两个 S7-1200 站点 PLC_1 和 PLC_2 均为 CPU1214C，它们的 PN 接口 IP 地址分别为 192.168.0.1 和 192.168.0.2；子网掩码：255.255.255.0。建立 S7 连接，简述连接步骤。

(2) PLC_1 与 PLC_2 之间交换两个数据：启停信号 Bool 型和频率设定值信号 Word 型。为保证交换数据的一致性，此处将 Bool 型启停信号以 Word 的位数据处理。交换的数据以 PLC_1 主动 GET PLC_2 数据的方式实现。规划交换数据表。

(3) 编写 PLC 控制程序，分析程序的运行过程和结果。

任务评价

1. 小组互评

小组互评任务验收单

任务名称	西门子 S7-1200 系列 PLC 以太网通信	验收结论	
验收负责人		验收时间	
验收成员			
任务要求	工业以太网中的两个 PLC 站点为 PLC_1：S1200 DC/DC/DC CPU，PROFINET 网下挂 G120C 变频器；PLC_2：S1200 DC/DC/DC CPU。 按下 PLC_1 启动按钮 SB1，变频器以给定的 25 Hz 频率运行。按下 PLC_2 端启动按钮 SB2，变频器以给定的 50 Hz 频率运行		
实施方案确认			
文档接收清单	接收本任务完成过程中涉及的所有文档		

序号	文档名称	接收人	接收时间

配分表

	序号	评分标准	配分	得分
验收评分	1	网络规划、配置合理	10 分	
	2	S7 连接有效	10 分	
	3	硬件组态正确	10 分	
	4	PUT/GET 指令配置正确	10 分	
	5	数据块中数据规划合理	20 分	
	6	能够发现并修正硬件连接错误	10 分	
	7	能够使用博途调试诊断工具修改软件故障	10 分	
	8	能够编写满足控制要求的程序	20 分	

效果评价	

2. 教师评价

教师评价任务验收单

任务名称	西门子 S7–1200 系列 PLC 以太网通信	验收结论	
验收教师		验收时间	
任务要求	工业以太网中的两个 PLC 站点为 PLC_1：S1200 DC/DC/DC CPU，PROFINET 网下挂 G120C 变频器；PLC_2：S1200 DC/DC/DC CPU。 按下 PLC_1 启动按钮 SB1，变频器以给定的 25 Hz 频率运行；按下 PLC_2 端启动按钮 SB2，变频器以给定的 50 Hz 频率运行		
实施方案确认			

文档接收清单

接收本任务完成过程中涉及的所有文档

序号	文档名称	接收人	接收时间

验收评分

配分表

序号	评分标准	配分	得分
1	网络规划、配置合理	10 分	
2	S7 连接有效	10 分	
3	硬件组态正确	10 分	
4	PUT/GET 指令配置正确	10 分	
5	数据块中数据规划合理	20 分	
6	能够发现并修正硬件连接错误	10 分	
7	能够使用博途调试诊断工具修改软件故障	10 分	
8	能够编写满足控制要求的程序	20 分	

效果评价	

项目七 智能仓储控制系统设计

任务总结

(1) 什么是 PLC 通信？PLC 通信要完成的任务是什么？

(2) 总结 S7 通信指令的配置与使用步骤。

思考与练习

(1) 什么是 S7 通信协议？怎样建立 S7 连接？

(2) 开放式用户通信有什么特点？指令 TSEND_C 和 TRCV_C 有什么优点？

参考文献

[1] 廖常初. S7-1200 PLC 应用教程 [M]. 北京：机械工业出版社，2017.
[2] 陈建明，白磊. 电气控制与 PLC 原理及应用：西门子 S7-1200 PLC [M]. 北京：机械工业出版社，2020.
[3] 陈丽，程德芳. PLC 应用技术（S7-1200）[M]. 北京：机械工业出版社，2020.
[4] 向晓汉. 西门子 S7-1200 PLC 学习手册 [M]. 北京：化学工业出版社，2018.
[5] Siemens AG. S7-1200 系统手册，2016.